Contenido

Sobre el autor

El **doctor Dean Lomax** es un paleontólogo, autor y divulgador científico galardonado con múltiples premios y reconocido internacionalmente. Viaja por todo el mundo excavando, descubriendo y estudiando nuevas especies de dinosaurios, y con frecuencia participa como experto y presentador en programas de televisión, sobre todo en la popular serie *Dinosaur Britain*. Ha escrito varios libros y numerosos artículos académicos, es una autoridad mundial líder en ictiosaurios y ha dado una charla TED sobre su inusual camino para convertirse en paleontólogo. En 2015, el Parlamento británico le otorgó una medalla de oro a la excelencia científica, y en 2018 quedó entre los veinte finalistas del premio JCI Ten Outstanding Young Persons of the World, un galardón que en el pasado han recibido personalidades como Elvis Presley, Jackie Chan o Bill Clinton. Dean es patrocinador de la Asociación de Cazadores de Fósiles del Reino Unido (UKAFH) y de Mary Anning Rocks. Síguelo en las redes sociales como @dean_r_lomax y visita su página web: www.deanrlomax.co.uk.

*A Elaine Howard, cuya pasión por los dinosaurios
la llevó hasta los confines de la Tierra.
Y a ti, lector, por mantener viva tu pasión por
el pasado.*

*Ah, y a mi familia, por intentar convencerme de que en la vida
hay algo más que jugar con dinosaurios. No lo hay.*

LÍNEA DEL TIEMPO		
Cenozoico	Cuaternario	de 2,6 millones de años hasta la actualidad
	Neógeno	de 23 a 2,6 millones de años
	Paleógeno	de 66 a 23 millones de años
Mesozoico	Cretácico	de 145 a 66 millones de años
	Jurásico	de 201 a 145 millones de años
	Triásico	de 252 a 201 millones de años
Paleozoico	Pérmico	de 299 a 252 millones de años
	Carbonífero	de 359 a 299 millones de años
	Devónico	de 419 a 359 millones de años
	Silúrico	de 444 a 419 millones de años
	Ordovícico	de 485 a 444 millones de años
	Cámbrico	de 541 a 485 millones de años
Precámbrico	de 4500 millones a 541 millones de años	

10 COSAS QUE DEBERÍAS SABER

DINOSAURIOS

DEAN LOMAX

Traducción de Carmen Cremades

Dinosaurios. 10 cosas que deberías saber
Publicado originalmente por The Orion Publishing Group Ltd of Hachette
UK Limited. Carmelite House, 50 Victoria Embankment, London EC4Y 0DZ,
England.
Título original: *Dinosaurs. 10 Things you Should Know*
© de esta edición, Shackleton Books, S. L., 2026
© del texto, Dean Lomax
© de la traducción, Carmen Cremades

Shacklet**⊘**n
—b o o k s—

ⓕ ⓨ ⓘ @Shackletonbooks
shackletonbooks.com

Realización editorial: Bonalletra Alcompas, S. L.
Diseño de cubierta: Ana Montero
Maquetación: reverté-aguilar

ISBN: 978-84-1361-739-8
Depósito legal: B 24458-2025
Impreso por Elcograf (Italia)

Prefacio

Los dinosaurios son el emblema de la vida prehistórica. Estas formidables criaturas del pasado desbordan nuestras mentes curiosas y nos ayudan a comprender que el mundo no se reduce a lo que vemos cada día a nuestro alrededor. Los restos fósiles de dinosaurios y de otras formas de vida que desaparecieron en los confines del tiempo nos recuerdan que nuestro paso por la Tierra es transitorio, que formamos parte de una gigantesca historia: la evolución de la vida.

Nos sentimos verdaderamente hipnotizados por los dinosaurios, sobre todo en la infancia. Nada nos produce tanta fascinación como esos gigantes cuellilargos del tamaño de tres autobuses o esos enormes depredadores cuyos dientes rompehuesos exceden a los de cualquier animal actual. En muchos sentidos, estos seres fantásticos nos resultan tan sumamente increíbles que casi podríamos considerarlos superhéroes. Y, sin embargo, son reales. Podemos aprender acerca de ellos a través de libros, juguetes, películas, series de televisión y, sobre todo, en los museos, donde se exponen sus esqueletos e incluso, a veces, nos permiten tocar sus huesos. Para la mayoría, los dinosaurios constituyen una puerta de entrada a la ciencia: una vía única de descubrimiento que enciende la curiosidad de las mentes inquietas con la chispa de los primeros porqués: «¿Por qué vivieron hace tanto tiempo? ¿Por qué se extinguieron? ¿Por qué algunos eran tan grandes?». Y aunque muchos lleguemos a superar esa «fase de los dinosaurios», nunca dejamos de maravillarnos ante esas extraordinarias criaturas, manteniendo siempre presente nuestra pasión por el pasado.

Hoy en día es prácticamente imposible no toparte con un dinosaurio vayas a donde vayas. Avanzo por el pasillo de congelados del supermercado y me encuentro con un simpático estegosaurio que me incita a comprar esa caja de helados. Voy a buscar una tarjeta de cumpleaños y hay diez tiranosaurios que me miran, sonriendo con su enorme dentadura o haciendo algún tipo de chascarrillo sobre sus cortos brazos. Los dinosaurios están más de moda que nunca: se utilizan como mascotas de equipos deportivos, en joyas de diseño, en ropa de marca, en la decoración del hogar, en anuncios de televisión y en cualquier otro ámbito. La fiebre de los dinosaurios nunca decae.

Reconozco que tal vez yo me fije más en esos detalles porque fui uno de esos niños que se quedaron prendados de los dinosaurios y nunca lo superaron. Ahora soy paleontólogo y he cumplido el sueño de mi vida: ser un científico dedicado al estudio de los dinosaurios, los fósiles y la evolución de la vida. A los paleontólogos nos suelen confundir con los arqueólogos, que estudian la historia y la Prehistoria humanas, y a veces nos llaman Indiana Jones, o se nos pregunta: «¿Ah, como Ross el de *Friends*?», cuando no se hace una inevitable alusión a *Parque Jurásico*. Si tú has pensado lo mismo, no pasa nada: ya estamos acostumbrados.

Para mí, no hay nada comparable al estremecimiento que produce ser la primera persona de la historia que desentierra el esqueleto de un dinosaurio de millones de años de antigüedad, o que encuentra una nueva especie y le da un nombre. Por unos breves instantes eres la única persona del mundo que lo sabe. Por supuesto, esa sensación única del descubrimiento no es exclusiva de los paleontólogos, porque cualquiera puede encontrar un fósil: solo hay que saber dónde buscar.

Piensa que cada dinosaurio que se descubre es como una de las múltiples piezas diminutas que componen un puzle tremendamente complejo cuya imagen de referencia se ha perdido. Los paleontólogos trabajamos con todas esas minúsculas piezas para reconstruir el retrato de un mundo arcaico poblado por dinosaurios, una escena que ha cambiado radicalmente en los últimos treinta años. Cada hallazgo aporta nuevos conocimientos: la ciencia evoluciona constantemente, y ahí reside su encanto.

Combinando la apasionante historia de los descubrimientos con las investigaciones más recientes, en este libro he agrupado cuidadosamente en diez capítulos todo lo que necesitas saber sobre los dinosaurios. Al embarcarte en este gran viaje que te transportará millones de años atrás en el tiempo, aprenderás cuándo y dónde vivieron, cómo se aparearon y poblaron la Tierra, y cuándo el fin de su reinado se precipitó desde el cielo. Este libro te dará una perspectiva apasionante de la ciencia de los dinosaurios, devolviendo a la vida un mundo antiguo que sigue transformándose con cada hallazgo, y que no deja de enriquecer nuestro conocimiento sobre los animales más extraordinarios que hayan pisado la faz de la Tierra.

1. Por qué el tiranosaurio y el estegosaurio nunca se conocieron

Se estima que la Tierra tiene nada menos que 4540 millones de años, una cantidad de tiempo inabarcable para la mente humana. Para que te hagas una idea: en el momento en que escribo este libro, decir «hace 1000 millones de segundos» equivaldría a «finales de los años ochenta»; o sea, 31,7 años. Es decir que, según eso, yo tengo casi 1000 millones de segundos de edad. Para ubicarnos en esta ingente escala temporal, imagina que toda la historia geológica se comprimiera en un calendario anual, donde el nacimiento de la Tierra correspondiera con el 1 de enero. En ese calendario, los dinosaurios aparecerían el 13 de diciembre, y los seres humanos modernos, apenas diez minutos antes de las campanadas de Nochevieja.

Para poder manejar la descomunal antigüedad de la Tierra, la escala temporal geológica se ha dividido en muchos tramos distintos, en función de ciertos cambios significativos detectados en el registro geológico, como son la extinción de una especie o la aparición de una nueva. El tiempo se fragmenta en eones, eras, períodos, épocas y edades (o etapas), que se subdividen a su vez en otras unidades más pequeñas, cuyos límites se definen con precisión mediante una técnica llamada datación radiométrica, de la que hablaremos más adelante. Este sistema evoluciona constantemente gracias al trabajo de los geocronólogos, los especialistas que establecen la cronología de las edades geológicas. A medida que se obtiene nueva información, la escala temporal geológica se revisa, actualiza y mejora, por lo que las fechas que marcan sus límites se van ajustando.

La historia de la Tierra se divide en cuatro grandes capítulos de tiempo, conocidos como eones, que comprenden, del más antiguo a más reciente, el Hádico, el Arcaico, el Proterozoico y el Fanerozoico. Los tres primeros se engloban dentro del Precámbrico, y abarcan nada menos que el 88 % del tiempo geológico (los primeros

4000 millones de años); esto es, desde la formación de la Tierra hasta el inicio del Fanerozoico, hace 541 millones de años (lo que correspondería al 18 de noviembre en nuestro calendario anual). Sabemos que la vida se originó durante el Precámbrico porque las primeras evidencias fósiles de organismos microscópicos simples y unicelulares se han registrado en rocas de al menos 3500 millones de años. Si avanzamos a cámara rápida hacia el final del Precámbrico (hace unos 570 millones de años), podremos observar la primera prueba de vida compleja y multicelular: unas extrañas criaturas de cuerpo blando que habitaban el fondo marino. En ese momento de la historia geológica, los dinosaurios todavía estaban a más de 300 millones de años de distancia.

El Fanerozoico es el eón en el que aún nos encontramos, el período en que la vida comenzó a desarrollarse y a diversificarse a una escala enorme, por lo que los fósiles son muy abundantes. Se extiende a lo largo de 541 millones de años hasta la actualidad y se divide en tres eras: la paleozoica (vida antigua), la mesozoica (vida intermedia) y la cenozoica (vida reciente). Durante el Paleozoico, la vida saltó al escenario en toda su diversidad:

surgieron animales de concha dura; los primeros vertebrados evolucionaron hasta dar sus primeros pasos en tierra firme, y la *era* terminó con el mayor evento de extinción masiva jamás registrado, pues arrasó el 90 % de toda forma de vida. Resurgiendo de esas cenizas, en el Mesozoico se desarrollaron los dinosaurios, aparecieron los mamíferos y brotaron las primeras plantas con flores. Por último, en el Cenozoico, la misma era geológica en la que vivimos hoy, los mamíferos conquistaron el planeta y el mundo empezó a parecerse más a cómo lo conocemos hoy.

Al situar a los dinosaurios en una escala temporal geológica tan descomunal como es la de la Tierra, se pone de manifiesto que su aparición es relativamente reciente. Y lo que resulta aún más sorprendente es pensar que bajo sus patas ya existían fósiles: vestigios de innumerables especies que habían surgido y se habían extinguido mucho antes incluso del origen de los dinosaurios.

La era mesozoica se suele denominar «la era de los dinosaurios», como si estos reptiles gigantes hubieran dominado la Tierra durante ese período. En el imaginario colectivo se tiende a representar ese mundo como un escenario en el que todas las especies de dinosaurios convivían al mismo tiempo. Sin duda, se trata de una visión claramente influenciada por el cine, la televisión y, en ocasiones, los libros, sobre todo aquellos que vimos o leímos en la infancia y que quedaron grabados en nuestras mentes obsesionadas con los dinosaurios. Por ejemplo, en la popular saga *En busca del valle encantado*, que es una de mis favoritas, se recrean todo tipo de dinosaurios y otros animales prehistóricos como si todos ellos hubieran coincidido en el tiempo y en el espacio. Pero lo cierto es que no todos ellos coexistieron en el mismo momento de la era mesozoica. En realidad, los dinosaurios vivieron a lo largo de tres períodos —del más antiguo al más reciente: el Triásico, el Jurásico y el Cretácico—, y su reinado duró nada menos que 186 millones de años, hace entre 252 y 66 millones de años.

Pero si bien es cierto que el Mesozoico se puede considerar «la era de los dinosaurios» en su conjunto, su existencia no abarcó todo ese período completo, ni fueron siempre «los reyes». Fíjate: los fósiles de dinosaurios más antiguos que se han encontrado aparecieron en las áridas tierras de Ischigualasto (¡prueba a decirlo sin equivocarte!), en Argentina. Eso demuestra que surgieron hacia finales del Triásico, hace algo más de 230 millones de años. Es decir, que los fósiles más antiguos que se conocen a día de hoy (que tienen 3500 millones de años) son quince veces más antiguos que los primeros dinosaurios. El tamaño de muchos de aquellos dinosaurios primitivos era relativamente modesto en comparación con el de otros animales contemporáneos suyos, como los fitosaurios (depredadores de aspecto similar a los cocodrilos) o los anfibios carnívoros, que eran del tamaño de un coche y muy probablemente se alimentaban de esos primeros dinosaurios.

Puede que te preguntes cómo podemos saber cuándo vivieron los primeros dinosaurios, o cómo podemos determinar la época de cualquiera de ellos, sobre todo teniendo en cuenta que ninguno fue enterrado con su certificado de defunción. Para empezar a entenderlo, tenemos que remontarnos al siglo XVII, cuando un científico danés llamado Nicholas Steno ideó una forma muy simple de interpretar la edad relativa de las rocas (y de los fósiles que contienen).

En 1669, Steno propuso lo que se conocería como el «principio de superposición», que es uno de los fundamentos de la geología moderna. En pocas palabras, en cualquier secuencia inalterada de rocas depositadas en capas (llamadas estratos), las rocas del fondo son las más antiguas, mientras que las más recientes están en la parte superior. Un ejemplo excepcional lo constituye la asombrosa geología del Gran Cañón, tan extraordinariamente rica, donde las rocas más antiguas están abajo del todo y cada capa sucesiva es progresivamente más joven cuanto más cerca se encuentra de la cima. Imagínate las capas de un pastel: primero se coloca la base y el resto se superpone hasta colocar en último lugar la capa superior. Así que, como regla básica: en condiciones no alteradas, los fósiles de las capas más profundas serán geológicamente más antiguos que los de las capas superiores.

Actualmente, el trabajo de Steno funciona como punto de partida para comprender la edad relativa de las rocas, pero lo que verdaderamente cambió las reglas del juego fue una técnica que se desarrolló a principios del siglo xx: la datación radiométrica. Gracias a ella, los geólogos pueden estimar con precisión la edad absoluta de ciertas rocas, estudiando la tasa constante de desintegración de los elementos radiactivos que contienen. Mediante la combinación de ambos métodos, geólogos y paleontólogos pueden determinar la edad de las rocas y, por tanto, identificar a ciencia cierta a cuál de los tres períodos corresponde un hueso de dinosaurio e, incluso, en qué punto exacto de ese período se sitúa. A menudo se confunde este proceso con otro similar: la datación por radiocarbono o carbono-14, que consiste en analizar la desintegración de los átomos radiactivos de carbono-14 para determinar la antigüedad de un objeto. Sin embargo, la datación por radiocarbono nunca podría utilizarse para fechar un hueso de dinosaurio de millones de años, porque el radiocarbono se desintegra rápidamente (en términos geológicos) y solo se usa para datar objetos del pasado geológico relativamente reciente, de entre 50 000 y 60 000 años.

La duración de los períodos Triásico, Jurásico y Cretácico difiere considerablemente de uno a otro, y para entender mejor las diferencias entre ellos conviene observar la cronología de los dinosaurios dentro de cada período. No todos los que pertenecieron a un mismo período coexistieron en el mismo momento, sino que pudieron habitar en intervalos distintos, separados incluso por millones de años. Por lo general, cada especie vivía solo un par de millones de años antes de extinguirse. Además, los que sí coincidieron en el tiempo pudieron habitar en continentes totalmente distintos.

A partir del estudio de las rocas en las que quedaron sepultados los fósiles, los paleontólogos han podido determinar con seguridad que *Stegosaurus* vivió durante el Jurásico, y *Tyrannosaurus rex*, durante el Cretácico. Decir que el estegosaurio y el tiranosaurio nunca se conocieron parece obvio, ya que vivieron en períodos completamente distintos. Pero ahí no acaba la cuestión: ¿qué significa exactamente ser del Jurásico o del Cretácico?

Empecemos por el estegosaurio, mi gran favorito de la infancia. Cuando me refiero a la cronología de un dinosaurio, como en «*Stegosaurus* vivió durante el Jurásico», tengo en mente un intervalo concreto dentro de ese período. El Jurásico comenzó hace 201 millones de años, terminó hace 145 millones de años y se subdivide en tres épocas: Jurásico temprano, Jurásico medio y Jurásico tardío, que a su vez se dividen en once

edades distintas. Los fósiles de *Stegosaurus* pertenecen al Jurásico tardío, un tramo que va desde
hace 163,5 millones de años hasta hace 145 millones de años. Para ser más precisos, los restos
fósiles proceden de las dos últimas edades de ese
Jurásico tardío, llamadas Kimmeridgiense y Ti-
toniense, que se sitúan entre 157 y 145 millones
de años, aunque solo se han encontrado fósiles de
estegosaurio en rocas de entre 153 y 148 millones
de años antigüedad. (Sé que es un poco complica-
do, pero no te vayas).

Ahora bien: si lo comparas con *Tyrannosaurus*,
que vivió hacia el final del Cretácico tardío (hace
entre 68 y 66 millones de años), en una edad conocida como Maastrichtiense, y haces las cuentas, verás que ¡*Stegosaurus* llevaba ya 80 millones
de años extinguido cuando el *Tyrannosaurus* puso
una pata en la Tierra! Y lo que es aún más im-
presionante: los fósiles más antiguos de *T-rex*, los
llamados «abuelos rex», tienen más de 160 millones de años. Para que te hagas una idea de la
magnitud del tiempo geológico, un tiranosaurio
está más cerca de ti y de mí en el tiempo que de
un estegosaurio o incluso que de los «tatarabuelos
rex». ¡Ahí lo dejo!

2. Trotamundos

Piensa durante un instante en los lugares a los que has viajado a lo largo de tu vida. ¿Has pisado diferentes continentes, te has aventurado por los rincones más remotos del mundo y has tachado muchos destinos de tu lista de deseos? A pesar de que hasta un 70 % de la superficie terrestre está cubierta de agua, gracias al lujo que supone volar en avión, navegar en barco o viajar en tren, prácticamente cualquier sitio del planeta está a nuestro alcance. No hay océano que nos detenga. En cambio, los dinosaurios no tenían acceso a barcos ni aviones, pero eso no les impidió recorrer el mundo. No porque fueran nadadores olímpicos, sino porque en sus orígenes, el mundo era un único supercontinente.

En el colegio nos enseñan que la Tierra se divide en seis grandes continentes: de mayor a menor, Asia, África, América, Europa, Oceanía y la Antártida. (Las masas de tierra más pequeñas, como muchas islas, se incluyen en alguno de los continentes vecinos, como es el caso de Australia, que se agrupa con las islas del Pacífico para formar lo que llamamos Oceanía). También aprendemos que estos continentes siguen desplazándose, si bien muy lentamente, a una velocidad de apenas unos pocos centímetros al año. Estas masas de tierra descansan sobre enormes fragmentos de la corteza terrestre, las placas tectónicas, que oscilan sobre roca fundida que subyace a grandes profundidades. Al moverse, estas placas se pueden dividir, colisionar o deslizar unas sobre otras, lo cual va modificando la ubicación de los continentes y remodelando la faz de la Tierra.

Las pruebas que se deprenden de rocas de millones e incluso de miles de millones de años de antigüedad hablan de cordilleras que se alzaron y hundieron, de mares épicos que han ido y venido, y de cómo los continentes chocaron entre sí y se separaron. Por ejemplo, ¿te habías fijado, al mirar un mapamundi, en que la costa oriental de América del Sur parece encajar perfectamente con la costa occidental de África, como si fueran piezas de un gigantesco rompecabezas? No es casualidad. Los continentes no siempre han estado situados en el mismo espacio donde hoy los vemos, ni tampoco el lugar donde ahora te encuentras leyendo este libro. De hecho, esta es solo una de las muchas pruebas contundentes que apuntan a que todos los continentes debieron de estar unidos en una inmensa masa de tierra que terminó dividiéndose. Y no solo una vez: los continentes se han juntado en un supercontinente en varias ocasiones.

Un supercontinente se define como un continente único y enorme conformado por todas, o casi todas, las masas de tierra del planeta. Los primeros supercontinentes se formaron hace más de mil millones de años. Se mantuvieron unidos durante unos cientos de millones de años hasta que se fragmentaron y se volvieron a integrar otros cientos de millones de años después, hasta que el proceso volvió a comenzar de nuevo. Esto se conoce como el ciclo de los supercontinentes. Los especialistas han llegado incluso a predecir que el próximo supercontinente se formará entre los próximos 200 y 250 millones de años. Pero lo que aquí nos ocupa es el supercontinente más reciente, llamado Pangea, que desempeñó un papel crucial en la historia de los dinosaurios y les brindó una oportunidad única para prosperar.

La Tierra que habitaron cuando aparecieron en escena en el período Triásico era un lugar muy diferente de lo que es ahora. Todos los continentes estaban unidos, y el norte de América del Sur, el sur de América del Norte, África y Europa estaban en el ecuador, de modo que aquel mundo tan extraño no se parecía en nada al de ahora. Si hubieras nacido durante el Triásico en lo que hoy es Gran Bretaña, habrías vivido mucho más cerca del ecuador, en un desierto seco y abrasador.

Pangea —cuyo nombre proviene del griego antiguo y significa 'toda la Tierra'— era una masa de tierra verdaderamente gigantesca en forma de «C», que se extendía prácticamente de polo a polo. Estaba rodeada por un superocéano global llamado Panthalassa, antecesor del actual océano Pacífico. El supercontinente se formó hace unos 300 millones de años, esto es, unos 70 millones de años antes de los dinosaurios, y les proporcionó la plataforma necesaria para su futura supremacía global.

Vivir en un supercontinente sin tener que cruzar océanos significaba que, en teoría, cualquier animal o planta podía expandirse por todo el mundo. Pero no es tan sencillo; de hecho, ninguna especie se extendió por toda Pangea. A los animales se lo impedían factores como el clima extremo o las dificultades del terreno, aunque hay pruebas de que algunas especies sí se desplazaron a lo largo y ancho de algunas áreas del supercontinente. Uno de los hallazgos más interesantes que apoyan la existencia de Pangea fue el descubrimiento de los mismos tipos de fósiles de animales y plantas en rocas idénticas encontradas en diferentes continentes del hemisferio sur. Algunos de estos animales estaban claramente adaptados a la vida terrestre, y les habría resultado imposible cruzar los océanos que hoy separan esos continentes.

Al final del Triásico, los dinosaurios ya se habían extendido por diferentes regiones de Pangea. Cuando el inmenso supercontinente empezó a fracturarse durante el Jurásico temprano, hace entre 200 y 180 millones de años, acabó dividiéndose en dos grandes masas de tierra: Laurasia al norte y Gondwana al sur. El terreno quedó separado por vastos océanos y se fue fragmentando cada vez más, de modo que los animales se quedaron aislados en diferentes continentes. Esto significó que los del norte estuvieron expuestos a ambientes distintos de los del sur, lo que dio lugar a la evolución de especies muy diferentes, que se adaptaron para prosperar en sus respectivos mundos. Durante millones de años, los continentes continuaron dividiéndose y cambiando de forma y posición, hasta que empezaron a parecerse a los que conocemos hoy.

Así fue como los dinosaurios conquistaron el mundo entero. Se han hallado sus restos en todos y cada uno de los continentes; se han extraído tanto de altas cordilleras como de minas profundas. Pero, más allá de afirmar que el dinosaurio X se encontró en un continente y el Y en otro, quizá lo que resulte más fascinante de descubrir sus fósiles (o los de cualquier otro animal) sea desvelar la historia del mundo en que vivieron, plasmada en las rocas que los sepultaron.

Imagina por un momento que formas parte de un equipo épico de cazadores de fósiles que avanza por las profundidades del desierto del Sáhara, en África, y te topas con fósiles de animales marinos, como los corales. Sabes que ahora los corales viven en el mar, pero el más cercano se encuentra a kilómetros de distancia. Lo que esos fósiles revelan es que el suelo que estás pisando estuvo sumergido hace millones de años, cuando esas criaturas tenían vida. Para un paleontólogo, disponer de pruebas de ambientes y ecosistemas pasados como estas proporciona una visión más completa del animal y del mundo que habitó y, en algunos casos, esos descubrimientos pueden ser incluso más relevantes que los propios fósiles.

Si aplicamos este mismo enfoque a los dinosaurios, uno de los ejemplos más fascinantes e inesperados es que han aparecido varios restos de ellos en la Antártida, dentro de rocas que llevan mucho tiempo sepultadas bajo el hielo. Y, lo que es más: junto a ellos se han encontrado gran cantidad de fósiles distintos, incluidas numerosas especies de plantas. Estos hallazgos ponen de manifiesto que las características medioambientales primitivas se fueron transformando a lo largo del tiempo geológico, y que eran totalmente distintas de las condiciones extremas de la Antártida actual: durante la supremacía de los dinosaurios llegó incluso a ser, en determinados momentos, una selva tropical, cálida y frondosa.

Por mencionar otro singular descubrimiento, hace unos 70 millones de años, en el Cretácico, existió una isla llamada Haţeg, situada en la actual Rumanía. Se encontraba aislada del resto del mundo y estaba poblada por dinosaurios enanos: un clásico ejemplo de enanismo insular, un fenómeno en el cual animales de mayor tamaño van reduciendo sus dimensiones generación tras generación para adaptarse a un entorno más pequeño, con menos recursos alimentarios y menos depredadores. Estos magníficos descubrimientos dan cuenta de cómo la Tierra tal y como la conocemos ha ido cambiado de forma tan drástica a lo largo de su antiquísima historia, y cómo los poderosos dinosaurios se vieron obligados a adaptarse para extender su dominio por todos los rincones del mundo.

3. ¿Qué hace que un dinosaurio sea un dinosaurio?

Una de las típicas preguntas que me hacen es: «¿Qué es lo que hace que un dinosaurio sea un dinosaurio?». Puede que te parezca una pregunta muy fácil para un paleontólogo, pero lo cierto es que resulta sorprendentemente difícil de responder. En la mente de un paleontólogo, la palabra *dinosaurio* tiene un significado muy concreto. Para que un animal pueda ser considerado un dinosaurio debe reunir una serie de características específicas, prácticamente como si se tratara de una *checklist*.

La primera regla para formar parte del dinoclub es que *dinosaurio* no es una palabra comodín para referirse a cualquier animal extinto. Tampoco sirve para cualquier reptil prehistórico. Para mirarlo desde otro punto de vista, piensa en la increíble diversidad de mamíferos que hay ahora. Sabemos que un ratón es un mamífero, como tú y como yo, pero también lo son la ballena azul y el murciélago. Sin embargo, todos estos mamíferos pertenecen a grupos y familias diferentes. El hecho de que los dinosaurios sean reptiles no significa que todos los reptiles prehistóricos fueran dinosaurios.

Seguramente se han encontrado restos fósiles de todo tipo de criaturas primitivas a lo largo de toda la historia de la humanidad. Pero para entender dónde comenzó todo, retrocedamos un poco en el tiempo; no tanto como hasta el Jurásico, solo hasta 1824. Ese año marcó un hito importante, ya que fue entonces cuando la ciencia reconoció oficialmente el primer dinosaurio como tal (que, por cierto, pertenece al Jurásico) y difundió mundialmente la noticia.

En unas minas de pizarra subterráneas cercanas a la localidad de Stonesfield, en el condado de Oxfordshire, se hallaron numerosos fragmentos de huesos y una mandíbula espectacular con grandes dientes serrados. Al final, esos huesos terminaron en manos de uno de los geólogos más importantes de la época, William Buckland, reverendo y profesor de geología en la Universidad de Oxford. Tras examinarlos, Buckland anunció en 1824 el descubrimiento de un misterioso reptil gigante con aspecto de lagarto, al que llamó *Megalosaurus*, que significa 'gran lagarto'. Tan solo un año después apareció otro de estos «lagartos gigantes», esta vez denominado como *Iguanodon* por un médico rural convertido en geólogo, Gideon Mantell. En 1833, el mismo Mantell describió a otra de esas extrañas bestias, a la que denominó *Hylaeosaurus*. En el momento de su aparición, nadie sabía exactamente qué tipo de animales eran, pero eso estaba a punto de cambiar.

Por toda la campiña británica siguieron apareciendo más huesos y dientes de estas curiosas criaturas, que maravillaban tanto a los científicos como al público en general. El original trío de animales, junto con otros fósiles adicionales, fue analizado por el destacado anatomista comparativo y paleontólogo sir Richard Owen, fundador del Museo de Historia Natural de Londres. Owen observó ciertas similitudes ente ellos en los huesos de la cadera: concretamente, la presencia de cinco vértebras fusionadas (denominadas sacro) y la forma en que las extremidades se sostenían debajo del cuerpo. Se dio cuenta de que pertenecían a un grupo de animales específico, para el que acuñó el término *Dinosauria* en 1842, a partir de las palabras griegas *deinos*, que significa 'aterrador' o 'terriblemente grande', y *sauros*, que significa 'lagarto'.

Si te paras a pensar en que los primeros dinosaurios se encontraron en esa época, resulta bastante curioso que, a pesar de que surgieron hace más de 200 millones de años y de que han dejado una huella tan honda en nuestro planeta, los dinosaurios son un «invento» bastante reciente. No tienen siquiera dos siglos de antigüedad. Las primeras máquinas de vapor ya circulaban por las vías ferroviarias antes de que estos colosos recibieran su nombre.

En la gran mayoría de casos, los fósiles de dinosaurios de millones de años de antigüedad no son más que un conjunto de huesos aislados o fragmentos de esqueletos, no individuos completos. Este es uno de los principales retos a los que nos enfrentamos los paleontólogos a la hora de estudiar, describir y definir qué es un dinosaurio. Dicho esto, una de las cosas más apasionantes de la ciencia es que está en permanente cambio. El propio concepto de dinosaurio ha evolucionado mucho desde los «aterradores lagartos» de Owen, y se sigue modificando cada vez que se produce un descubrimiento importante.

Sin entrar en los detalles precisos relativos a las características óseas del cráneo y del esqueleto, sobre los que los paleontólogos discuten y no se ponen de acuerdo, existe una combinación de rasgos particularmente significativos que sirven para identificar *inmediatamente* a un dinosaurio.

En primer lugar, la próxima vez que estés en un museo contemplando el esqueleto de algún saurio extinto, levanta la mirada hacia su cabeza y fíjate en el número de agujeros que tiene el cráneo. Para ser un dinosaurio, primero hay que ser un *diápsido*, es decir, un reptil con dos agujeros (aberturas) a cada lado del cráneo, detrás de las cuencas de los ojos. Dentro de los diápsidos, los dinosaurios pertenecen a un grupo llamado arcosaurios, o 'reptiles dominantes', que actualmente comprende a los cocodrilos y a las aves. Todos los arcosaurios, incluidos los dinosaurios, tienen un orificio adicional en el cráneo, situado entre las cuencas de los ojos y la fosa nasal, llamado fenestra antorbital.

Después, baja la mirada a sus caderas. Tal y como Owen había señalado inicialmente, las caderas desempeñan un papel fundamental en la definición moderna de dinosaurio. En concreto, lo que resulta especialmente relevante es la presencia en la cadera de una cavidad muy característica que se forma entre los tres huesos de la pelvis, y que marca el lugar donde la «bola» o cabeza del fémur se encajaba en su posición. Esto les permitía adoptar una postura erguida como la de los mamíferos, con las extremidades colocadas directamente debajo del cuerpo, a diferencia de los cocodrilos y los lagartos, cuyas extremidades están abiertas hacia los lados. Este es el rasgo principal que permite diferenciar a los dinosaurios de otros reptiles.

Otras cuestiones que no atañen a los huesos son, por un lado, la forma de reproducción. Los innumerables huevos de dinosaurio que se han encontrado permiten a los paleontólogos afirmar que todos los dinosaurios ponían huevos. Por otro lado, si bien algunas especies entraban en el agua para alimentarse o para nadar, los dinosaurios estaban totalmente adaptados a la vida terrestre, y ninguno vivía exclusivamente en el medio acuático.

Pero volviendo a los huesos de la pelvis, estos desempeñan además un papel fundamental en la organización del árbol genealógico de los dinosaurios. La división tradicional se basa en la forma y la orientación de las caderas, y en función de ello se divide en dos ramas principales: Saurischia y Ornithischia. Los dinosaurios saurisquios tienen «cadera de tipo lagarto», y en este grupo se incluyen especies tan famosas como *Tyrannosaurus rex* y *Diplodocus*. Por su parte, la de los ornitisquios es una «cadera de tipo ave», que es la de celebridades tales como *Stegosaurus, Triceratops* e *Iguanodon*. Dentro de cada rama, los dinosaurios se clasifican después en un grupo o familia distinto en función de características más específicas.

En 2017, un equipo de paleontólogos publicó un importante estudio que suponía una gran sacudida a la estructura general del árbol genealógico, al sugerir que la división tradicional no era del todo correcta. Argumentaban que los dinosaurios como *T-Rex* están más emparentados con especies como *Iguanodon* y *Triceratops* que con *Diplodocus*. No obstante, los paleontólogos aún no han llegado a un acuerdo sobre si esta nueva división es más precisa que la anterior, vigente desde 1888. Esta hipótesis seguirá siendo objeto de estudio en los próximos años y, sin duda, los nuevos especímenes y descubrimientos ampliarán nuestros conocimientos al respecto.

Aunque los paleontólogos no siempre están de acuerdo en los detalles más precisos, en lo que sí coincidimos todos es en lo que *no* define a un dinosaurio. Existen fundamentalmente dos grandes grupos de animales que se suelen considerar dinosaurios sin serlo. En primer lugar, están los «dinosaurios voladores», también conocidos como pterosaurios o, si se prefiere, pterodáctilos. («Pterodáctilo» no es del todo correcto, ya que este nombre se refiere a un pterosaurio concreto llamado *Pterodactylus*, el primer pterosaurio que se descubrió). Los pterosaurios fueron un maravilloso grupo de reptiles voladores que vivieron durante la era mesozoica. Fueron los primeros animales vertebrados en desarrollar la capacidad de volar, mucho antes que las aves o los murciélagos, y sus alas se extendían desde la punta de los dedos hasta los tobillos. Los pterosaurios son arcosaurios, igual que los dinosaurios, pero difieren mucho de ellos en su anatomía y se encuentran en otra rama del árbol filogenético de los arcosaurios. Podríamos considerarlos primos de los dinosaurios.

En segundo lugar, tenemos los llamados «dinosaurios nadadores». Me duele decirlo, porque son mis favoritos. Me refiero, por supuesto, a los reptiles marinos, sobre los que podría escribir un libro entero (quizá ese debería ser mi próximo proyecto). Entre ellos se encuentran los ictiosaurios, parecidos a los delfines; los poderosos mosasaurios, y también —por favor, no me obligues a decirlo— los que inspiraron la leyenda del monstruo del lago Ness: los plesiosaurios. Que conste que me has obligado.

En términos evolutivos, estos animales se encuentran mucho más alejados de los dinosaurios, y vivían exclusivamente en el agua: incluso daban a luz a sus crías en el mar. Una de las principales diferencias con respecto a los dinosaurios es que sus extremidades se modificaron para convertirse en aletas, con las que se manejaban por el agua mientras se impulsaban con la cola. Precisamente los ictiosaurios ocupan un lugar especial en mi corazón porque les he dedicado la mayor parte de mi investigación académica. He pasado años estudiando y midiendo los huesos y los dientes de miles de ellos, y en el proceso he nombrado cinco nuevas especies y he identificado una que probablemente fuese tan grande como una ballena azul antes incluso de que tales animales existieran.

Mucho antes de que existieran las ballenas, de hecho.

Y además hay un tercer grupo, formado por casos extremos. Las *fake news*, el periodismo de mala calidad y los libros baratos de dinosaurios te hacen creer que prácticamente cualquier animal prehistórico es un dinosaurio. He visto incluso titulares llamaban dinosaurio a un mamut lanudo, simplemente porque es arcaico. Cada vez que veo algo así, me dan escalofríos. O, por ejemplo, ¿nunca te has encontrado en la típica caja de dinosaurios de juguete a cierta figurita con forma de lagarto y cresta dorsal? No, no es *Spinosaurus*, es *Dimetrodon*. Este impostor es el no-dinosaurio por antonomasia del mundo prehistórico. Lo curioso es que *Dimetrodon* no es un dinosaurio, ni siquiera un reptil, sino un protomamífero que está más emparentado con nosotros que con los reptiles. Un pariente lejano nuestro, por así decirlo. Así que la próxima vez que veas un titular anunciando a bombo y platillo el «descubrimiento de un nuevo dinosaurio», saca tu *checklist* para comprobar si se trata de un auténtico dinosaurio o de un aspirante más. Ya cuentas con los conocimientos necesarios para ello.

4. El velociraptor era del tamaño de un pavo

¡Nombra cinco dinosaurios ahora mismo, vamos! Seguro que *Velociraptor* es de los primeros que te vienen a la mente, no solo porque acabas de leerlo en el título de este capítulo, sino porque es de los más famosos: aparece prácticamente en todos los libros y es una estrella de la gran pantalla. Cuando hablo con el público, me gusta preguntar por sus dinosaurios favoritos o pedir que nombren a cinco de ellos. No para ponerlos en un aprieto (aunque puede que a veces sí, porque quiero ver si salen el pterodáctilo o el ictiosaurio), sino porque realmente me interesa averiguar qué dinosaurios se les han quedado grabados. Todavía no he conocido a nadie que no haya incluido al velociraptor en su lista de favoritos.

Cuando le dices a la gente que en realidad *Velociraptor* era del tamaño de un pavo, solo que con una larga cola, muchos te miran desconcertados. Se nota que están cuestionando tus credenciales como paleontólogo: «¿De verdad que este es paleontólogo? Y ahora me dirá que el velociraptor tenía plumas...». El problema es que, por lo menos en la cultura popular, el velociraptor suele representarse de la altura de un humano adulto, por mucho que esté científicamente demostrado que no era así. Verás, la imagen sobredimensionada que se tiene de *Velociraptor* se originó en *Parque Jurásico*, pero los «raptores» de la gran pantalla no son velociraptores en absoluto. En realidad, estaban basados en un primo cercano llamado *Deinonychus*.

Cuando Michael Crichton buscaba un dinosaurio para que protagonizara su novela *Parque Jurásico* (1990), apareció un popular libro cuyo autor sugería que *Deinonychus* y *Velociraptor* eran tan similares que ambos deberían agruparse bajo el nombre de *Velociraptor*. A pesar del hecho de que hubieran vivido en épocas diferentes, se hubieran aparecido en continentes distintos y presentaran numerosas diferencias anatómicas. Por supuesto, los paleontólogos de la época no estaban de acuerdo con el cambio de nombre.

Crichton, que al parecer se había inspirado en ese popular libro y que incluso mencionaba al autor en los agradecimientos de su novela, ya se había decantado por un mortífero velociraptor, rápido, con garras en forma de hoz y cuyo tamaño se acercaba más al de un humano que al de un pavo. Para comprender mejor cómo vivían y cazaban estos dinosaurios, Crichton entrevistó al influyente paleontólogo estadounidense John Ostrom, el descubridor de *Deinonychus*, a quien también menciona en los agradecimientos. Curiosamente, al rodar la película, el equipo de Spielberg estudió los artículos científicos de Ostrom que describían a *Deinonychus*.

Pero al final, *Velociraptor* fue el nombre que se utilizó tanto en la novela como en la posterior adaptación cinematográfica de 1993. Algunas fuentes sugieren que a Crichton simplemente le pareció que *Velociraptor* sonaba más dinámico, pegadizo y amenazador que *Deinonychus*, y eso determinó su elección. Pero lo más gracioso del caso es que en una de las primeras escenas de la película se muestra a un equipo de paleontólogos excavando un esqueleto de *Velociraptor* en Montana (Estados Unidos), a pesar de que los fósiles de este dinosaurio solo se han encontrado en Asia. Sin embargo, *Deinonychus* solo ha aparecido en Estados Unidos y el primer ejemplar se descubrió, precisamente, en Montana.

Aunque el velociraptor sea el protagonista, creo que es mi deber como paleontólogo señalar que este dinosaurio no tenía la destreza necesaria para abrir puertas, y mucho menos podía llegar a los pomos. A diferencia de lo que se sale en la película, no tenía esas ridículas «manos de conejo», con las palmas hacia el suelo. Por el contrario, tenía las palmas enfrentadas (en posición de aplaudir) y estaban perfectamente situadas para atacar a sus presas con sus tres garras arqueadas.

Las cuestiones relacionadas con el tamaño de *Velociraptor* son interesantes porque, para mucha gente, la palabra *dinosaurio* suele ser sinónimo de algo grande y amenazante. Desde ese punto de vista, supongo que un velociraptor aumentado encaja con la imagen que tiene el público. Una de las ideas más equivocadas, y más comunes, que se tienen sobre los dinosaurios es que todos eran grandes.

Si preguntas a cualquier paleontólogo por el tamaño de los dinosaurios, seguramente te mencionará al instante a los más grandes de todos, los saurópodos. Ya sabes, esos gigantes herbívoros de cuello y cola tremendamente largos, entre los que se encuentran estrellas de los dinosaurios como *Brontosaurus* o *Brachiosaurus*. Es alucinante, pero según estimaciones fiables, algunos saurópodos podían medir más de 30 metros de longitud y pesar alrededor de 70 toneladas, lo que equivale a doce elefantes africanos adultos. Los saurópodos eran auténticos titanes del pasado y se encuentran entre los animales más grandes que jamás hayan existido en el planeta. Ni punto de comparación con los animales terrestres más grandes que existen ahora: los elefantes (en cuanto al peso) y las jirafas (en cuanto a la altura).

Por lo que se refiere a los grandes carnívoros, *Tyrannosaurus* sigue siendo uno de los mayores, con sus 12-13 metros de largo y sus 8 toneladas de peso; aunque ahora mismo el primer puesto lo ocupa el extravagante *Spinosaurus*, con su peculiar cresta dorsal, ya que mide un par de metros más de longitud. Actualmente, el carnívoro terrestre más grande es el oso polar. Sí, el oso polar, que pesa alrededor de media tonelada y mide unos 2,5 metros de largo. Si lo comparas con el tamaño de un tiranosaurio, resulta bastante ridículo.

Sin duda, esos animales eran realmente gigantes. Aunque lo cierto es que el tamaño de los dinosaurios era de lo más variado, y muchos de ellos eran diminutos, más o menos como una ardilla. Los paleontólogos lo saben desde que se descubrió *Compsognathus*, en la década de 1850. Se trata un carnívoro del tamaño de una gallina, que durante décadas ostentó el título de dinosaurio más pequeño de la Tierra (basta con consultar algunos libros antiguos), aunque ahora mismo hay muchos nominados al premio al dinosaurio extinto más pequeño del mundo.

Al igual que *Compsognathus*, prácticamente todos estos dinosaurios diminutos eran pequeños carnívoros terópodos que pertenecían al mismo grupo que megadepredadores como *Tyrannosaurus rex* y *Megalosaurus*. Dado que todos miden prácticamente lo mismo, entre 30 y 50 centímetros, determinar cuál era el rey de estos pequeños terrores no es tarea fácil para los paleontólogos. Aun así, *Epidexipteryx* de China, bautizado en 2008, es el claro favorito: con un peso que ronda los 160 gramos y una longitud aproximada de entre 25 y 30 centímetros (sin contar las plumas de la cola), este minisaurio jurásico tenía el tamaño aproximado de una paloma.

Ya hace más de treinta años que Asia se ha convertido en el epicentro de los descubrimientos paleontológicos. Muchos de los recientes hallazgos han cambiado radicalmente nuestra comprensión de los dinosaurios, y en especial de su aspecto. Quizás el acontecimiento que situó a China en el escenario de la paleontología mundial se produjo en 1996, cuando se descubrió el primer dinosaurio plumado del mundo. Según la edad que tengas, puede que recuerdes haber escuchado las noticias al respecto. Yo por aquel entonces solo tenía seis años, así que seguramente estaría ocupado jugando con mis dinosaurios de juguete sin plumas.

Los fósiles de *Sinosauropteryx*, que era pariente de *Compsognathus* y vivió en el Cretácico, estaban extraordinariamente bien conservados, y su plumaje consistía en unas plumas primitivas (o «pelusa de dinosaurio») y tejidos blandos. Con el tiempo se convertiría en el primer dinosaurio cuyo color real se determinó científicamente.

Múltiples estudios de sus melanosomas (los diminutos pigmentos de color que contienen las plumas) revelaron que *Sinosauropteryx* era rojo anaranjado y blanco, con una cola rayada y una «máscara de bandido» en la cara, similar a la de los mapaches. La coloración reveló también que era más oscuro por la parte superior y más claro por la inferior, lo que representa una forma de camuflaje conocida como contrasombreado.

Hablando de dinosaurios plumados, si echas una ojeada a cualquier libro antiguo o buscas en internet una imagen de nuestro amigo el velociraptor, encontrarás innumerables recreaciones de un dinosaurio parecido a un lagarto, con la piel cubierta de escamas y sin el más mínimo rastro de plumas. Gracias a los fósiles encontrados en Mongolia, ahora sabemos que *Velociraptor* sí tenía plumas.

Un interesante estudio publicado en 2007 aportó pruebas directas de la existencia de plumas en *Velociraptor* basándose en una fila de «protuberancias de plumas» irregulares espaciadas de manera uniforme por el antebrazo. Muchas aves modernas presentan estas mismas protuberancias, que sirven para identificar los puntos de anclaje óseos de las grandes plumas de las alas. Esto es un claro indicio de que *Velociraptor* tenía alas, pese a que el tamaño de su cuerpo y la relativamente escasa longitud de sus antebrazos confirmen que no podía volar. En cambio, es muy probable que utilizara las alas para exhibirse, y tal vez también para controlar su temperatura o facilitar sus movimientos mientras corría. Por lo tanto, cada vez que veas una reconstrucción de *Velociraptor* sin plumas, achácalo a que alguien lo habría desplumado para meterlo en el horno.

Pero no solo en Asia se están realizando este tipo de descubrimientos revolucionarios. En 2017 saltó la noticia de un dinosaurio acorazado (un anquilosaurio) excepcionalmente bien conservado, al que llamaron *Borealopelta*. Extraído del interior de una mina en Canadá, este impactante dinosaurio se ha conservado en tres dimensiones, por lo que más bien parece estar dormido o momificado. Dentro de su piel fosilizada se han hallado restos de diminutos pigmentos de color, así como vainas córneas queratinosas que cubrían su armadura (la queratina es el mismo material del que están hechos nuestro pelo y nuestras uñas). Los estudios del color que se conserva revelaron que era marrón rojizo y que también presentaba un contrasombreado similar al de *Sinosauropteryx*.

En paleontología, prácticamente cada año se produce un hallazgo importante que, de alguna manera, revoluciona la forma en que visualizamos a los dinosaurios. Por ejemplo, ahora se calcula que cientos de ellos tenían plumas, mientras que hace solo treinta años no las tenía ninguno. ¡El mero hecho de que el color de los dinosaurios constituya un campo de estudio por sí mismo ya es alucinante! Estoy deseando ver qué extraños y maravillosos descubrimientos se producirán en los próximos veinte años, que sin duda contribuirán a cambiar una y otra vez la imagen que tenemos de los dinosaurios.

5. ¿Qué hay de cena?

De niño, me pasaba horas jugando con mis dinosaurios de juguete. Primero los alineaba meticulosamente en grupos distintos y separaba a los carnívoros de los herbívoros. Luego, a los carnívoros les llegaba la hora de la cena, y su desafortunada víctima solía ser un gran saurópodo carnoso como el diplodocus, al que derribaban entre varios minicarnívoros para pasarse las siguientes horas disfrutando alegremente de su cena. Seamos sinceros, si estás leyendo este libro, es posible que tú también hayas hecho lo mismo. Yo sigo haciéndolo, aunque no con los juguetes de mi estantería, sino a una escala mucho mayor: con esqueletos de dinosaurios de verdad. (Está claro que todo el tiempo que pasé jugando con dinosaurios de mentira no estuvo mal empleado). Sin embargo, por muy simples que puedan parecer los escenarios de depredador-presa, descifrar quién se comía a quién y qué se comía qué en el mundo prehistórico es una tarea mucho más difícil de lo que cabría esperar.

Cuando vemos animales como el tiranosaurio, con ese enorme cráneo, esos dientes tan grandes como plátanos y esa mandíbula quebrantahuesos, es fácil echar a volar nuestra imaginación pensando en los violentos duelos que debieron de protagonizar. La cultura popular abunda en imágenes de peleas míticas entre dinosaurios, en las que un *Tyrannosaurus* sanguinario se bate a muerte contra un gigantesco *Triceratops* de tres cuernos y esa gola ósea tan característica. Bestias enormes, con enormes dientes y cuernos enormes. ¿Qué más se puede pedir?

Hoy en día no existe ningún animal que se les parezca, por lo que es fácil que nos sintamos atraídos y exaltados por ese tipo de escenas salvajes. Lo curioso es que, a pesar de que aún no se hayan encontrado pruebas directas de estos dos titanes enzarzados hasta su último aliento (aunque un notable hallazgo reciente en Montana podría acabar revelando lo contrario), eso no significa que no ocurriera. Así como en nuestros días es posible presenciar el encuentro de dos animales luchando y devorándose entre sí, no cabe duda de que esos mismos enfrentamientos serían habituales en el mundo antiguo.

Son muchas las razones por las que el estudio de los fósiles resulta tan apasionante. Para cualquier paleontólogo especializado en dinosaurios, uno de los mayores retos consiste en averiguar cómo vivía un ejemplar que lleva tantos años muerto. Pero al mismo tiempo, puede que el comportamiento de estos animales sea precisamente el área de estudio más fascinante de este campo. Al fin y al cabo, la vida cotidiana y la supervivencia de todos los seres vivos dependen de su comportamiento y de las decisiones que toman. Por eso los paleoartistas —los artistas que se dedican a devolver a la vida a los dinosaurios y a otros organismos prehistóricos a través de su arte— disfrutan tanto recreando aquellas interacciones ancestrales. Aun así, por muy entretenidas y especulativas que puedan parecer a simple vista las reconstrucciones de dinosaurios en plena lucha o banquete no siempre se basan en suposiciones.

Pero ¿cómo podemos siquiera empezar a comprender qué y cómo comían las criaturas arcaicas, o qué especies se alimentaban de cuáles? La primera fase consiste en examinar la estructura de las mandíbulas y de los dientes (si es que se conservan), y compararlos con los de los animales de ahora, lo que sirve como punto de partida. Basta con observar los dientes de *Tyrannosaurus*, afilados, gruesos y tan serrados como los de un cuchillo para carne, para constatar que son propios de un carnívoro, perfectamente adaptados para desgarrar un cuerpo y despedazar sus huesos. Todo lo contrario de los dientes de *Diplodocus*, largos y finos como clavijas y salidos hacia fuera, ideales para arrancar las hojas de los árboles.

La forma y estructura de los dientes proporciona un conocimiento elemental acerca de la dieta. Mediante este enfoque preliminar, los paleontólogos pueden clasificar someramente a los dinosaurios en carnívoros y herbívoros. Pero, aunque estas etiquetas resultan útiles, el umbral que las separa es borroso. Por ejemplo, está claro que *Diplodocus* era un herbívoro puro, si bien no se puede obviar la posibilidad de que hubiera insectos adheridos a las hojas que se comía. Esto no significa que cazara insectos de forma activa, pero le da un giro interesante a su dieta. Lo mismo ocurre con los dinosaurios terópodos, el grupo que incluye a algunos de los depredadores más famosos, como *Tyrannosaurus*, *Velociraptor* y *Megalosaurus*. El hecho de que un terópodo estándar fuera carnívoro no implica que todos los terópodos se alimentaran estrictamente de carne. Las mandíbulas de algunos de ellos tenían pico en lugar de dientes, mientras que otros tenían dientes parecidos a los de los animales herbívoros, y lo cierto es que muchos terópodos eran omnívoros o exclusivamente herbívoros.

Por ello, es necesario profundizar un poco más. En el panorama paleontológico actual se ha generalizado el uso de ordenadores de alta tecnología y de potentes escáneres para obtener nueva información sobre la vida de los dinosaurios. Estos avances nos han ayudado significativamente en el estudio de su forma de alimentación. Por ejemplo, cuando en un cráneo de dinosaurio se identifican puntos de unión específicos para los músculos y se comparan con los de animales vivos, los paleontólogos pueden crear modelos 3D precisos y detallados añadiendo esos músculos al cráneo, las mandíbulas y el cuello. Estos modelos científicos permiten comprender cuestiones como la forma en que el animal movía las mandíbulas, la amplitud de su abertura bucal o la capacidad de su mordida.

Los estudios basados en el cráneo de *Tyrannosaurus* revelaron que su mordedura era demoledora, con una fuerza superior a los 60 000 newtons, alrededor de 6,5 toneladas. Esto lo convierte en el animal terrestre, vivo o extinto, con la mordedura más letal que se haya registrado: unas cuatro veces más potente que la del cocodrilo marino, que es el ser vivo con la mordedura más fuerte que existe en la actualidad. Estos datos, sumados al tamaño descomunal de sus dientes y a los grandes músculos de su cuello y mandíbula, confirman que *Tyrannosaurus* podía triturar huesos robustos. Otro estudio acerca de los hábitos alimentarios de *Diplodocus* demostró que se alimentaba de una manera peculiar: al tener los dientes de la parte delantera de sus mandíbulas dispuestos en forma de peine, podía agarrar las ramas de los árboles, echar la cabeza hacia atrás y arrastrar las hojas hacia la boca. Otra prueba que respalda esta idea es la presencia de pequeñas señales y surcos microscópicos en los dientes, signos del desgaste dental al contacto con las ramas.

Existen otras pruebas de la conducta alimentaria de los dinosaurios, y una de las más evidentes son las huellas de dientes en los huesos. Determinar a qué animal corresponde una mordedura concreta puede ser muy difícil de averiguar. Sin embargo, mediante técnicas de investigación al más puro estilo *CSI*, se puede deducir a qué especie pertenecía el culpable comparando las señales del bocado con la forma y tamaño de su mandíbula, y examinando los dientes de los dinosaurios excavados en las mismas rocas que el hueso mordido. En ocasiones, un diente se queda incrustado en el hueso de la víctima, lo que no deja lugar a dudas sobre la identidad del agresor. Incluso se han encontrado algunos esqueletos de dinosaurios con huellas de mordeduras ya cicatrizadas, lo que indica que el animal sobrevivió al ataque.

La mayoría de las marcas de mordiscos halladas en los huesos se conocen como rastros de alimentación, ya que el autor de las señales era un depredador que se alimentaba de su víctima. Es el caso de algunos huesos de *Triceratops* que presentan huellas que coinciden con dientes de *Tyrannosaurus*. Por espantoso que parezca, ese tipo de marcas en la gola ósea de un triceratops sugieren que el tiranosaurio le arrancó la cabeza antes de hincarle el diente a su cena.

Otro método evidente de saber qué ha ingerido un animal es examinar lo que ha evacuado. Por supuesto, me refiero a las cacas, a los fósiles de caca. Conocidos técnicamente como *coprolitos*, estos fósiles son bastante comunes y constituyen una muestra directa de las dietas primitivas. Si es difícil identificar al culpable de un mordisco, no lo es menos averiguar quién dejó el pastel. Sin embargo, la ventaja de los coprolitos es que suelen contener restos vegetales o animales, lo cual representa un punto de partida. Al observar la forma y el tamaño de un coprolito determinado y compararlo con la medida y el tipo de animales excavados en las mismas rocas, es posible establecer una correlación fiable entre ambos.

El ejemplo más famoso con diferencia fue hallado en Saskatchewan (Canadá), en rocas de 66 millones de años de antigüedad: un enorme coprolito de 44 centímetros de largo y de aspecto compacto, que contenía huesos triturados. Al estudiar los animales encontrados en la misma formación rocosa que el coprolito, los investigadores concluyeron por descarte que el único depredador lo suficientemente grande como para producir un excremento seme-jante tenía que ser un tiranosaurio.

Para disipar cualquier ambigüedad, algunos fósiles extraordinarios nos permiten ir mucho más allá de lo mencionado anteriormente, ya que proporcionan pruebas directas y excepcionales acerca de la dieta de los dinosaurios. Por absurdo que pueda parecer, se han encontrado algunos fósiles espectaculares de dinosaurios que conservaban su última comida en el estómago. Desde un pequeño terópodo plumado con semillas en el intestino hasta un anquilosaurio acorazado cuya última cena fue a base de hojas, este tipo de fósiles constituyen pruebas irrefutables de la alimentación de los dinosaurios. Entre los más famosos ejemplares de este tipo se encuentra el espinosaurio denominado *Baryonyx* (mi dinosaurio favorito), que fue descubierto en una cantera británica en 1983. En su intestino se encontraron los huesos de una cría de dinosaurio similar a *Iguanodon* y, lo que es más sorprendente, escamas de pez. Se trata del primer caso en el que se confirma la presencia de pescado en la dieta de un dinosaurio.

Pero los dinosaurios no siempre salían ganando, como demuestra un extraordinario fósil del que se tuvo noticia en 2005. Al pensar en los mamíferos que convivieron con los dinosaurios, tendemos a imaginarlos viviendo a la sombra de estos gigantes, huyendo bajo sus patas y escondiéndose como podían, por miedo a verse incluidos en su menú. Pero ese año se excavó en China un mamífero del Cretácico del tamaño de un tejón, con un bebé de dinosaurio en sus entrañas. Una inspección más profunda de la dinocena reveló que el minúsculo esqueleto desmembrado pertenecía a un pequeño primo bípedo de *Triceratops* llamado *Psittacosaurus*. El hallazgo de este mamífero devorador de dinosaurios fue otra primicia mundial.

Y hablando de primicias mundiales, he dejado la mejor para el final: uno de los descubrimientos de dinosaurios más famoso y extraordinario de todos los tiempos —y que muchos considerarían el número uno— fue el de un par de dinosaurios ¡luchando! Un depredador real frente a su presa potencial pillados en plena faena.

Encontrado en 1971 durante una expedición al desierto de Gobi, en el sur de Mongolia, este fósil de dos dinosaurios en combate representa con gran detalle a un ejemplar de *Velociraptor* y uno de *Protoceratops*, un pariente de *Triceratops* del tamaño de un jabalí. Tal y como se conserva la escena, el velociraptor está tumbado en el suelo sobre su lado derecho, mientras que el protoceratops se encorva sobre él sujetándole firmemente con el pico el brazo derecho, justo por debajo del codo. A su vez, el velociraptor está alzando su célebre garra asesina de la pata izquierda hacia el cuello del protoceratops, a punto de asestarle un golpe mortal en la garganta.

Los paleontólogos no dejan de preguntarse exactamente cómo ha podido perdurar este preciso instante de forma tan excepcional a través del tiempo. La interpretación más aceptada es que una duna de arena se desmoronó sobre ellos cuando se encontraban en pleno combate, y los dejó sepultados para siempre. Impresiona pensar que esta épica lucha a muerte se haya quedado detenida en el tiempo hasta nuestros días, conservada tal cual sucedió hace 75 millones de años.

6. Atracción bestial

El sexo entre dinosaurios es un tema candente. Es objeto constante de estudios, conferencias y exposiciones en museos, y a los paleontólogos les encanta especular sobre ello. Y tú, ¿alguna vez te has planteado cómo era el sexo entre dinosaurios? Seguro que alguna vez te has preguntado, aunque solo sea por un instante, cómo se apareaban dos tiranosaurios o cómo se excitaba un braquiosaurio.

Por muy divertido que parezca, el sexo entre dinosaurios es una línea de investigación realmente fascinante dentro de este campo, puesto que, obviamente, para reproducirse debieron de tener relaciones sexuales. Por lo tanto, hallar en un fósil la más mínima pista al respecto podría arrojar luz sobre este aspecto tan vital.

En la actualidad, a nada que observemos el reino animal, o que veamos un documental sobre la vida salvaje, tarde o temprano termina apareciendo algún comportamiento relacionado con el sexo. Pero, por desgracia, hasta ahora ningún registro fósil ha dado en el blanco. Todavía no se han desenterrado restos de dinosaurios en pleno apareamiento, aunque eso no ha sido óbice para que los paleontólogos se imaginen cómo lo hacían. He asistido a conferencias científicas donde los ponentes colocaban dinosaurios de juguete de las formas más retorcidas y fantasiosas para probar sus teorías, o incluso escenificaban en persona las posturas que podrían haber adoptado algunos de ellos (¡todo por la ciencia!).

De entre todos los dinosaurios, el que se ha convertido prácticamente en un icono sexual es *Stegosaurus*. Con esas grandes placas óseas a lo largo de la espalda y esas cuatro púas en la cola, está claro por qué los paleontólogos se preguntan cómo se las apañaba. Como las placas óseas no debían de permitirle tumbarse boca arriba, se barajan dos hipótesis principales: o bien la pareja se colocaba espalda contra espalda, o bien la hembra se tumbaba de lado y el macho la montaba. A los paleontólogos, este tipo de cuestiones les resultan divertidas y frustrantes al mismo tiempo.

No se trata solo de averiguar la mejor postura o la más cómoda, porque el reino animal nos demuestra que el sexo no es tan simple. Los rituales de apareamiento difieren enormemente de unas especies a otras, y los machos y las hembras pueden estar en desacuerdo o incluso pelearse por este tipo de cuestiones. Si fueras un estegosaurio macho intentando montar por detrás, no te gustaría que la hembra agitara furiosamente su cola llena de púas cerca de tus partes íntimas. Para ilustrar lo peligrosas que podían llegar a ser esas púas, he aquí un buen ejemplo: existe un fósil de *Allosaurus* carnívoro con una lesión en los huesos de la pelvis, que encaja a la perfección con la forma de una espina de *Stegosaurus*. Todo apunta a que este desdichado recibió un coletazo… justo en la entrepierna. Eso sí que es un golpe bajo.

A decir verdad, lo más cerca que han estado los paleontólogos de encontrar una escena sexual jurásica irrefutable del tipo que sea es un fósil excepcionalmente raro de una pareja de saltamontes que se quedaron sepultados con las manos en la masa hace unos 165 millones de años. Estos saltamontes aparecieron en rocas jurásicas excavadas en el noreste de China, cerca de una zona donde se han descubierto muchos dinosaurios, por lo que, aunque no los hayamos encontrado en plena acción, es probable que anduvieran por los alrededores cuando esta pareja de saltamontes se quedó fosilizada en el acto.

El triste hecho de que no dispongamos de ninguna pareja de dinosaurios inmortalizada en su abrazo eterno es, cuanto menos, decepcionante, pero los paleontólogos persisten en su búsqueda de pruebas contundentes. Una de las principales formas en que intentan diferenciar entre machos y hembras es mediante el estudio de sus caracteres «sensuales».

Al igual que en el caso de las placas dorsales de *Stegosaurus*, que desde siempre han cautivado a aficionados y a científicos por igual, los dinosaurios desarrollaron una gran variedad de estructuras de lo más elaboradas y, a menudo, francamente extravagantes: desde extrañas crestas en la cabeza hasta enormes golas óseas. Es probable que este tipo de rasgos ornamentales tuvieran múltiples funciones y que sirvieran, en parte, para exhibirse y, en parte, para atraer al sexo opuesto.

Actualmente, este tipo de estructuras físicas, junto con otras características como el tamaño y la coloración, pueden ayudar a distinguir a los machos de las hembras en el reino animal. Esto es lo que los científicos denominan dimorfismo sexual. La presencia o ausencia de cuernos en los ciervos es uno de los ejemplos más famosos, ya que es algo que caracteriza principalmente a los machos de la mayoría de especies. Aparte de los rasgos más obvios, esta es una forma de distinguir al instante a un macho de una hembra; además, los primeros suelen ser significativamente más grandes que las segundas.

Sin embargo, al basarse en estos aspectos para determinar el sexo de un dinosaurio, los paleontólogos tienen grandes dificultades para establecer diferencias significativas que permitan distinguir de forma fiable a los machos de las hembras de la misma especie, por lo que los hallazgos nunca están exentos de acalorados debates. Como resultado, aunque todos tienden a coincidir en que las características físicas —como las diferencias en las crestas de la cabeza, el tamaño corporal, etcétera— están de algún modo asociadas al sexo, la idea de las estructuras sensuales puede ser una senda peliaguda.

Dicho esto, la prueba definitiva que los paleontólogos llevan tanto tiempo buscando podría residir en el revolucionario descubrimiento de ciertas partículas de color atrapadas en el interior de las plumas fósiles. El color desempeña un papel muy importante en la exhibición sexual para los animales modernos: basta con observar el exuberante plumaje de algunas aves, como el del pavo real, y en las grandes diferencias entre sexos que presentan algunas especies. A menudo son los machos los que exhiben colores más extravagantes, aunque en ocasiones pueden ser las hembras. Por lo tanto, aunque los paleontólogos aún no han encontrado pruebas concluyentes de diferencias de color entre machos y hembras de la misma especie extinta, el hecho de que se hayan conservado dinosaurios de una gran variedad de colores sugiere que este rasgo desempeñaba un importante papel en el cortejo del sexo opuesto.

Llegados a este punto, tal vez deberíamos pasar a las partes blandas. Sin duda, la forma más fácil de saber si un dinosaurio es macho o hembra es «levantarle la falda» y, en fin, echar un vistazo. (Pido disculpas por la inevitable referencia al Dr. Malcolm de *Parque Jurásico*). Lamentablemente, por muy vasto que sea el registro fósil, y a pesar de que incluso se hayan llegado a encontrar partes blandas en algunos casos, aún estamos esperando encontrar un pene de *Tyrannosaurus* en todo su esplendor. Siento decepcionarte. Ahora bien, ¿es que acaso tenía pene *Tyrannosaurus*?

Para responder a esa pregunta, los paleontólogos han tomado como referencia a los parientes vivos más cercanos de los dinosaurios —las aves y los cocodrilos—, y han deducido que sus parientes extintos deberían de compartir las características presentes en ambos grupos. En este caso, todas las aves y cocodrilos vivos de ambos sexos tienen lo que se conoce como cloaca, lo cual sugiere que los dinosaurios también la tenían. Se trata de una única abertura entre las patas que sirve tanto para la reproducción como para la excreción.

El pene permanece oculto dentro de la cloaca del macho y sale hacia afuera durante el acto sexual, cuando se inserta en la cloaca de la hembra para transportar el esperma. Pero, si bien todos los cocodrilos machos tienen pene, la mayoría de las aves macho carecen de él, e intercambian esperma a través de lo que se conoce como «beso cloacal» (el contacto entre las cloacas del macho y la hembra); sin embargo, algunas están muy bien dotadas, como el pato rana de pico delgado

(*Oxyura vittata*), cuyo pene puede medir ¡más de 40 centímetros de largo!

A decir verdad, no tenemos que averiguar si los dinosaurios tenían cloaca, porque se ha encontrado una. En serio. Pertenece a un ejemplar de *Psittacosaurus*, ese pequeño dinosaurio bípedo emparentado con *Triceratops* que ya apareció en el capítulo anterior. El fósil fue excavado en China, y es uno de esos especímenes excepcionales que se conservan en unas condiciones tan extraordinarias que aún mantienen su piel y su color. Con el fin de dar vida a este fabuloso fósil, incluyendo su colorida cloaca, el famoso paleoartista Bob Nicholls elaboró un modelo 3D que ha sido aclamado como «la representación más precisa de un dinosaurio jamás creada».

El sexo no se reduce al acto físico. Antes de llegar a ese punto, hay que cortejar al sexo opuesto, ya sea colmándolo de regalos, demostrando que eres más fuerte que tus rivales o ejecutando alguna extraña danza sexual, lo cual me recuerda a otro peculiar fósil y me obliga a hacer una pequeña confesión. Mentí ligeramente al decir que lo más parecido que teníamos a una escena de sexo entre dinosaurios era el fósil de dos insectos apareándose, porque en 2016 se produjo un descubrimiento extraordinario: un «espectáculo de danza sexual entre dinosaurios».

Al estudiar las huellas de grandes terópodos fosilizadas en rocas del Cretácico en múltiples yacimientos de Colorado (EE. UU.), los paleontólogos identificaron numerosas marcas de rasguños con una forma claramente definida. Se constató que estos arañazos coincidían con los que realizan muchas aves modernas que anidan en el suelo y que tienen un comportamiento de apareamiento conocido como lek. Consiste en que los machos se reúnen durante la época de apareamiento para competir por la atención de las hembras, que los juzgan por su habilidad para construir nidos, con el fin de ver quién es capaz de construir los mejores y, por tanto, quién es el ganador en la puja por seducir a la hembra. Este descubrimiento constituye una prueba directa de que los dinosaurios terópodos también participaban en este tipo de ritual.

Lo que subyace a toda esta exposición sobre el sexo entre dinosaurios es la reproducción. Sabemos que se reproducían mediante huevos, en lugar de dar a luz crías vivas como hacemos los mamíferos, porque hemos descubierto miles y miles de ellos. Con suerte, de vez en cuando se encuentra un huevo de dinosaurio que contiene un pequeño embrión en desarrollo. En algunos casos extremos, aún están dentro del vientre de la madre (y no porque fueran su última cena). Estos fósiles tan singulares proporcionan pruebas inequívocas de la existencia de hembras, aunque eso tampoco da mucha información sobre el sexo o los comportamientos sexuales, ni arroja luz sobre las posibles diferencias entre machos y hembras.

Otro método para determinar el sexo de un dinosaurio consiste en buscar en el interior de los huesos indicios de hueso medular, un tipo específico de tejido óseo temporal con el que se fabrica la cáscara del huevo, por lo que está directamente asociado a la actividad reproductiva, y que se encuentra, además, en las aves hembras. En 2005, la paleontóloga estadounidense Mary Schweitzer y su equipo conmocionaron a la comunidad paleontológica al presentar pruebas de la existencia de hueso medular en un tiranosaurio, lo que sugería no solo que se trataba de una hembra de *T-rex*, sino que había muerto justo antes, durante o después de poner sus huevos. Estudios posteriores también encontraron pruebas de la existencia de hueso medular en otros dinosaurios. Sin embargo, este método ha recibido críticas y aún no es aceptado universalmente. A excepción de los ejemplares que se descubren con huevos en su interior, parece que determinar el sexo de un dinosaurio o aprender más sobre su vida íntima seguirá siendo un misterio, al menos en un futuro próximo. Aun así, mantengo la esperanza de que algún día encontremos una pareja de dinosaurios fosilizada en pleno acto de apareamiento.

7. Valores familiares

Tanto la manada de lobos que cuida a sus crías hambrientas como la hembra de cocodrilo que protege sus huevos durante meses o los elefantes que lamentan la muerte de un miembro del grupo demuestran que la familia constituye un pilar fundamental para muchos animales. Así que, después de todo lo dicho sobre la reproducción y los huevos de dinosaurio, es natural preguntarse qué sucedía una vez que esos huevos se rompían y nacían las crías. ¿Los progenitores permanecían a su lado o debían valerse por sí mismas? ¿Formaban grupos unidos o eran unos auténticos solitarios?

Averiguar si eran animales gregarios y buenos padres nos puede contar mucho sobre la historia de su vida, sobre cómo interactuaban entre ellos y sobre sus comportamientos individuales. Sin embargo, por muy interesante que resulte este tema, hay ciertas limitaciones evidentes para determinar si los dinosaurios, extinguidos hace tanto tiempo, tenían algún tipo de vida familiar.

En nuestro mundo contemporáneo, basta con observar a los grupos y familias de animales en su entorno para conocer cómo interactúan entre sí, distinguir al miembro dominante de la manada, observar si un grupo permanece unido durante todo el año, si ambos progenitores participan en la crianza o si ninguno de ellos cuida de las crías. Por supuesto, cuando se trata de animales prehistóricos, los paleontólogos no gozan de ese privilegio. Algo tan evidente y fácil de interpretar y de comprender a partir de la observación del reino animal les puede resultar increíblemente difícil —o incluso imposible— al contar solo con los restos fósiles. Reunir pruebas suficientes para afirmar con rotundidad que los miembros de una especie extinta eran «sociales», «buenos padres» o cualquier otra cosa supone un reto colosal, pero no es imposible si se sabe dónde buscar.

Piensa en la última vez que caminaste por la playa y dejaste tus huellas en la arena. Volverte para mirarlas es como echar la vista atrás en el tiempo, aunque solo sea a los últimos minutos. Esas huellas que han registrado tus pasos sirven como marcadores de comportamiento y, al igual que nosotros, los dinosaurios también dejaron su impronta en las playas que recorrieron. En ocasiones, cuando se reunían las condiciones adecuadas, esas marcas se fosilizaban y quedaban congeladas en el tiempo para toda la eternidad.

Las huellas de dinosaurios son fósiles bastante comunes, y están presentes en todo el planeta. No son restos de individuos muertos, sino rastros de animales vivos y en movimiento, y nos proporcionan una idea precisa de cómo era el mundo que habitaron. Al trabajar con ellas, es posible determinar el tipo de animal que las dejó, la velocidad a la que se movía, su altura, su modo de andar y mucho más. El inconveniente es que (por el momento) no se ha encontrado ningún dinosaurio muerto junto a sus pisadas, por lo que los paleontólogos tienen que deducir de quién se trataba comparando las características de sus patas con el tamaño, la forma y la estructura de las huellas. Hasta aquí, el nivel principiante en el estudio de huellas.

Las marcas que parecen corresponder a un contexto social pertenecen a dinosaurios de todo tipo: grandes y pequeños, carnívoros y herbívoros. Las más famosas son las que han aparecido exactamente en la misma capa de rocas, lo que sugiere que podría tratarse de una manada de dinosaurios que estuviera desplazándose en grupo. Incluso se han excavado «sitios con megahuellas», que consisten en cientos o incluso miles de huellas de dinosaurios de numerosos individuos, generalmente de herbívoros como los saurópodos.

Los yacimientos que contienen múltiples huellas de saurópodos han permitido constatar que los grupos, o bien eran de edades mixtas, compuestos por individuos jóvenes y adultos, o bien estaban separados por edades, lo que implica que posiblemente las crías o los especímenes más jóvenes vivían en grupos exclusivos. En los grupos mixtos hay indicios de que los menores se mantendrían en el centro de la manada itinerante, mientras que los mayores se situarían en el exterior. Esto podría sugerir que los adultos vigilaban y protegían a los más jóvenes. Asimismo, se han encontrado huellas de terópodos de individuos grandes junto a las de otros mucho más pequeños, lo que apunta a un posible cuidado parental. Otras magníficas huellas de terópodos sugieren que incluso *Tyrannosaurus* y dinosaurios del estilo de *Velociraptor* podrían haberse agrupado.

Como siempre, los paleontólogos deben interpretar estas marcas de pisadas con cautela y no descartar la posibilidad de que algunas pertenezcan a animales que recorrían solos un mismo camino, pero en momentos diferentes. Sin embargo, en situaciones en las que las huellas múltiples tienen exactamente el mismo estilo de conservación, pertenecen al mismo tipo de dinosaurio y, en general, se orientan en la misma dirección y una al lado de la otra, la probabilidad de que se trate de un grupo de dinosaurios paseando juntos se vuelve mucho más robusta.

Otras pruebas que respaldan la idea de vida familiar y de comportamientos asociativos provienen de los huesos, en concreto de grandes cantidades de ellos. Se han excavado diferentes yacimientos abarrotados de auténticas colecciones de huesos de dinosaurios, denominados eventos de mortandad masiva. Por definición, estos yacimientos óseos son, esencialmente, concentraciones de huesos pertenecientes a múltiples individuos encontrados en una única localización. Sin embargo, al igual que ocurre con la interpretación de las huellas excavadas en las mismas rocas, la existencia de un yacimiento óseo de dinosaurios no implica necesariamente que todos ellos vivieran juntos o que murieran a la vez.

Para confirmar que se trata de una familia o grupo diferenciado, los paleontólogos tienen en cuenta varias cuestiones. En primer lugar, todos los esqueletos deben encontrarse exactamente en los mismos estratos. En segundo lugar, deben haber perecido debido a las mismas circunstancias en un período de tiempo relativamente corto (de minutos a días) y presentar estilos de conservación similares (por ejemplo, tener un nivel similar de integridad). Y, en tercer lugar, normalmente deben pertenecer a la misma especie y estar asociados (por ejemplo, por la superposición de huesos de diferentes individuos). Un buen ejemplo que encaja con estas premisas es un intrigante evento de mortandad masiva a pequeña escala de *Sinornithomimus*, miembro de la familia de los terópodos conocidos como dinosaurios avestruces. En Mongolia Interior (China) apareció un grupo de más de veinte ejemplares que resultó estar compuesto en su totalidad por individuos inmaduros, sin crías ni adultos, algo que lo convierte en un grupo exclusivo de dinosaurios adolescentes que vivían juntos. Por desgracia para esta manada de jóvenes, se quedaron atrapados en un lago seco lleno de fango pegajoso que los llevó a la muerte.

Uno de los yacimientos de huesos de dinosaurio más grandes y famosos del mundo es el «megayacimiento de Hilda», situado al sur de Alberta (Canadá) y formado por catorce o más conjuntos asociados: de ahí el nombre de «megayacimiento». En él se descubrió *Centrosaurus*, un ceratopsiano con cuernos que tenía el tamaño de un rinoceronte, dentro de un enorme cementerio masivo que comprendía miles de individuos de diferentes edades que se ahogaron juntos durante una catastrófica inundación. La asociación masiva constituye una prueba contundente de que este dinosaurio vivía en grandes manadas y cuidaba de sus crías.

Otra forma de estudiar la vida familiar es, de nuevo, a partir de los huevos y, más concretamente, a partir de los nidos. Muchos reptiles modernos abandonan sus huevos después de ponerlos, dejando que las crías se las arreglen por sí mismas. Es el caso, por ejemplo, de las tortugas, que ponen sus huevos en la orilla y luego regresan al mar. Aunque no conocemos todos los entresijos del mundo de los dinosaurios, si alguna vez hablas con un paleontólogo y le preguntas sobre los nidos y el cuidado parental, seguramente mencionará al dinosaurio más representativo en este sentido. Se trata de *Maiasaura*, un herbívoro con pico de pato, cuyo nombre se traduce como 'lagarto buena madre', y con razón.

En 1977 se encontró un importante lugar de anidación de *Maiasaura* repleto de huevos, embriones, recién nacidos e individuos en un área de Montana, que pasó a conocerse como «Egg Mountain» ('montaña de huevos'). Algunas de las crías mostraban signos de desgaste en sus diminutos dientes, un indicio de que se habían estado alimentando. Esto sugiere que los adultos debían de haberles llevado comida a los nidos. Casualmente, también se encontraron restos vegetales alrededor de algunos de los nidos. El hallazgo proporcionó la primera prueba de que al menos algunos dinosaurios se agrupaban y anidaban en colonias donde criaban a sus retoños durante un largo período, quizás en distintas épocas del año. Además, se excavaron otros nidos enterrados en capas rocosas, uno encima de otro, lo cual indica que *Maiasaura* acudía a los mismos lugares de anidación una y otra vez. ¿Significa esto que todos los dinosaurios eran buenos padres? No, en absoluto. Pero sí constata que algunos, sin duda, lo eran.

Por increíbles que sean todos estos descubrimientos, los paleontólogos no dejan de hacerse preguntas. Incluso si se pudiera garantizar que algunos dinosaurios cuidaban de sus crías y vivían en manadas, ¿qué implicaciones reales tendría esto dentro del marco general? Puede que resulte frustrante, pero la realidad y la naturaleza del registro fósil dictaminan que, lamentablemente, nunca conoceremos todos los detalles de sus comportamientos. Por ejemplo, es imposible afirmar con certeza si *Maiasaura* vivía en grupo todo el año o si se separaban; si en la manada había algún tipo de jerarquía; si esta estaba formada por más hembras que machos o si ambos progenitores cuidaban de las crías. Sin embargo, para no desanimarte, vamos a ver algunos fósiles extraordinariamente raros que van más allá de las huellas, los yacimientos óseos o incluso los lugares de anidación, y nos proporcionan una visión sin precedentes de la vida familiar de los dinosaurios en estado puro.

Entre los más famosos destacan unos dinosaurios terópodos con pico de loro muy particulares que se excavaron en China y Mongolia sobre nidos de huevos. Originalmente, cuando se encontró el primero se pensó que había sido sorprendido *in fraganti* cuando estaba a punto de comerse los huevos de otro dinosaurio; incluso se le dio el nombre de *Oviraptor*, que significa 'ladrón de huevos'. Sin embargo, años después del descubrimiento se constató que los huevos pertenecían al propio dinosaurio que los incubaba, al igual que un ave. Se trataba de un progenitor muy abnegado que sacrificó su vida por sus futuras crías, protegiéndolas de una gran tormenta de arena que acabó sepultándolo con ellas. Una historia similar, aunque aún más extraordinaria, es la del esqueleto de *Psittacosaurus*, también procedente de China, que fue hallado sepultado junto a una veintena de crías perfectamente conservadas. Inicialmente se pensó que el individuo más grande era un adulto, pero estudios posteriores demostraron que aún no había alcanzado la madurez sexual y, por tanto, no podía ser el progenitor de estos minisaurios. En cambio, parece que este individuo actuaba como «niñera» y se ocupaba del cuidado del grupo mientras los adultos estaban fuera.

Y como guinda, para dejar lo mejor para el final, hablemos del sorprendente hallazgo de tres esqueletos de dinosaurio dentro de una madriguera fosilizada en Montana. Todos pertenecían a una especie de herbívoro bípedo del tamaño de un labrador llamado *Oryctodromeus*. Curiosamente, uno de los individuos era un adulto; los otros dos medían más o menos la mitad que él y eran adolescentes maduros. Este hecho no solo sugiere que los jóvenes permanecían con sus padres durante un período prolongado, lo que indica un cuidado parental extenso, sino que también revela que *Oryctodromeus* excavaba y vivía en madrigueras donde cuidaba de sus crías, algo que nunca hubiéramos sabido de no ser por este tesoro.

8. ¡Se les vino el mundo encima!

El encanto y la grandiosidad de los dinosaurios se ven amplificados por los misterios que rodean su desaparición. ¿Cómo es posible que un grupo de animales que se había mantenido en la cumbre durante millones y millones de años pudiera desaparecer de la faz de la Tierra en un instante? Que «se extinguieron porque un asteroide chocó contra nuestro planeta» es uno de esos «hechos» que cualquiera conoce acerca de los dinosaurios. Aunque *extinción* y *dinosaurio* parezcan sinónimos, el tema sigue dando mucho de qué hablar.

El concepto moderno de extinción se remonta a finales de la década de 1790 y se debe al trabajo de un naturalista francés reconocido mundialmente como el «padre de la paleontología»: Georges Cuvier. Cuando empezó a comparar los fósiles con animales vivos, pronto se dio cuenta de que muchos de ellos no pertenecían a ninguna especie conocida, y ni siquiera tenían relación. Esto fue crucial para configurar el concepto de extinción. Según la definición más simple, si una especie desaparece, se extingue y se pierde para siempre. El reloj de la extinción no puede ir marcha atrás.

Para los paleontólogos, la extinción es el pan de cada día; al fin y al cabo, la propia naturaleza de su disciplina se centra en el estudio de animales y plantas que desaparecieron hace mucho tiempo, cuyos restos fosilizados son la única prueba de que alguna vez existieron. De no haber sido por los fósiles, nunca habríamos sabido que las especies pudieran sencillamente dejar de existir. Al estudiar el registro fósil, queda claro que la extinción es un proceso natural, y los científicos estiman que el 99,9 % de todas las especies que han existido se han extinguido. Imagínate la enorme cantidad de especies que desaparecieron sin dejar ni rastro ni indicio alguno. El registro fósil tal y como lo conocemos no es más que un conjunto de instantáneas de la historia milenaria de la vida.

Una especie se puede extinguir por múltiples motivos. Puede deberse a una catástrofe global como la que acabó con los dinosaurios; a nuevas enfermedades y pandemias; al cambio climático y al consiguiente aumento del nivel del mar; a la destrucción y pérdida de hábitats, a la contaminación, a la falta de recursos alimenticios; a la caza furtiva o a la aparición de nuevos competidores y depredadores invasivos, entre muchas otras causas. En definitiva, una especie se extingue cuando es incapaz de tolerar, adaptarse y sobrevivir a los cambios de su entorno, sean de las dimensiones que sean.

Los casos más catastróficos son los que los científicos denominan «extinción masiva» o «crisis biótica». Son períodos de extinción global de gran cantidad de especies, que transcurren en un lapso de tiempo relativamente corto, que puede durar cientos o miles de años (un abrir y cerrar de ojos en el registro geológico). En la dilatada historia de la Tierra, se han producido cinco grandes episodios de extinción masiva a escala global; la desaparición de los dinosaurios es el más famoso y reciente. Sin embargo, antes de abordar el tema del asteroide que acabó con ellos, es importante aclarar que este no fue el acontecimiento más catastrófico. Ese título lo ostenta una devastadora extinción masiva que tuvo lugar hace 252 millones de años, antes incluso de que los dinosaurios existieran. Este fenómeno estuvo a punto de terminar con todas las formas de vida existentes, por lo que los científicos lo han llamado la «extinción masiva del Pérmico-Triásico» o, de forma más dramática, la «Gran Mortandad». Se estima que el 90 % de especies acabaron aniquiladas, lo cual dejó espacio para que surgieran nuevas formas de vida, incluidos (mucho después) los dinosaurios.

Numerosos especialistas sostienen que ahora mismo nos encontramos en la sexta extinción masiva. Aunque se trate de un proceso natural, el ser humano ha provocado un aumento sin precedentes en los niveles de extinción, hasta el punto de que las especies están desapareciendo a un ritmo descomunal, al menos mil veces superior al normal. Se calcula que actualmente hay, nada menos, que un millón de especies animales y vegetales en peligro de extinción como consecuencia de la actividad humana. Ahora mismo, *nosotros* somos el asteroide.

La cuestión de la extinción de los dinosaurios es la pregunta del millón. Estoy seguro de que a todos los paleontólogos les han preguntado alguna vez: «¿Por qué se extinguieron los dinosaurios?». Si alguno responde que no, no me lo creo. Es la pregunta obligada que te hacen siempre. Como seres humanos, el poder de la extinción nos intriga y nos intimida, lo que podría explicar nuestro interés por la desaparición de los dinosaurios. Y eso que no fue un simple «¡Bang! Y los dinosaurios extinguieron».

A lo largo de los años se han propuesto más de un centenar de teorías para explicar este acontecimiento. Una opinión muy extendida a finales del siglo XIX y principios del XX era que simplemente habían llegado al final de su ciclo vital. Las hipótesis posteriores fueron absolutamente descabelladas. Las causas que se propusieron eran de lo más disparatadas: que se extinguieron debido a su falta de deseo sexual, a la ceguera masiva provocada por cataratas, a la estupidez generalizada, al estreñimiento, a la picadura de insectos portadores de enfermedades o porque los mamíferos se comieron todos sus huevos. Las teorías más razonables lo achacaban al cambio climático o a la intensa actividad volcánica. Ninguna de estas hipótesis resistió el escrutinio científico. Cualquier hipótesis seria debía poderse demostrar y estar suficientemente justificada. Hasta que entró en escena el profesor Álvarez con su cráter fatídico.

En 1980, el premio nobel de física Luis Álvarez y su equipo, entre los que estaba su hijo Walter, geólogo, plantearon la hipótesis de que los dinosaurios se habían extinguido a consecuencia del impacto de un asteroide gigante. Aunque en aquel momento la teoría parecía absurda y controvertida, el equipo no iba mal encaminado. (Por si no lo sabías, la Tierra sufre continuos impactos de rocas espaciales, aunque prácticamente todas ellas son diminutas, y la mayoría se desintegran antes de entrar en nuestra atmósfera). El equipo de Álvarez había descubierto altos niveles de un raro metal llamado iridio en la fina capa de roca que delimita el final del Cretácico y el comienzo del Paleógeno, conocida como límite Cretácico-Paleógeno (o K-Pg). En la Tierra, el iridio es muy infrecuente, pero abunda en las rocas espaciales. Predijeron que muchos otros yacimientos del Cretácico-Paleógeno de todo el mundo también mostrarían altos niveles de iridio, lo que apuntaba a un cataclismo global. Y estaban en lo cierto.

Pasó una década antes de que dieran con la «prueba irrefutable»: el descubrimiento de un cráter colosal cuya antigüedad coincide exactamente con el momento de extinción de los dinosaurios. El cráter Chicxulub, como se ha denominado, tiene una extensión aproximada de 177 kilómetros y fue hallado en la península de Yucatán, en México. Fue en esta región donde impactó el asteroide de Álvarez, que rondaría entre los 10 y los 16 kilómetros de diámetro, una medida muy superior a la altura del Everest. Lamentablemente, Luis falleció antes de que Chicxulub fuese reconocida como la zona del impacto que acabó con los dinosaurios, pero él y su equipo revolucionaron nuestra comprensión de cómo se extinguieron. Hoy en día, paleontólogos y geólogos coinciden (en su mayoría) en que el asteroide fue el causante del golpe mortal. Este acontecimiento crucial se conoce como la extinción del Cretácico-Paleógeno (K-Pg), en la que se perdieron hasta el 75 % de todas las formas de vida.

Otra pregunta que suele ir de la mano con la de la extinción de los dinosaurios es la siguiente: «¿Seguirían existiendo si el asteroide nunca hubiera chocado contra la Tierra?». En pocas palabras, la vida habría seguido evolucionando y diversificándose tal y como lo ha hecho durante millones de años; los dinosaurios seguirían existiendo de una forma u otra, pero nosotros probablemente no. También se baraja la teoría de que los dinosaurios ya estaban en vías de extinción antes del impacto del asteroide, por lo que de todos modos iban camino de una muerte inminente. Pero no es así, de hecho seguían siendo muy numerosos al final del Cretácico, y había muchos grupos que sobrevivían y prosperaban, lo cual sugiere que no estaban en absoluto en una fase crítica de extinción. *Tyrannosaurus* y *Triceratops* se encontraban entre aquellos últimos, por lo que fueron testigos directos de lo que se les venía encima.

Un fatídico día de hace 66 millones de años, en lo que bien pudo haber sido una tranquila tarde de domingo, se produjo una catástrofe de una violencia inconmensurable. El asteroide que acabaría con los dinosaurios se estrelló contra la Tierra a unos 64 000 kilómetros por hora, lo que generó una energía más de mil millones de veces superior a la bomba nuclear más potente jamás detonada. Cualquier animal que se encontrara en las inmediaciones fue aniquilado en cuestión de segundos, y lo que hasta entonces había sido un rico paraíso poblado por dinosaurios se transformó en un mundo inerte y sumido en el silencio. Los megatsunamis desataron el caos en el fondo marino y las costas, los terremotos destrozaron el paisaje, los escombros candentes salían disparados por los aires, y se propagaron incendios forestales por todas partes. Si algún dinosaurio tuvo la mala suerte de sobrevivir, el futuro que le esperaba era desolador.

La magnitud del impacto se extendió inmediatamente por toda la Tierra. El planeta estaba en llamas. Una enorme nube de polvo empezó ocultando el sol y acabó cubriendo el planeta por completo, lo que provocó un largo y oscuro período de enfriamiento global (un «invierno de impacto»). Las plantas necesitaban la luz solar, los herbívoros dependían de las plantas, y los carnívoros dependían de los herbívoros. Se colapsó la cadena alimentaria. Los grandes animales terrestres estaban perdidos. Tener un cuerpo más grande implica un mayor apetito y, si ya no hay recursos alimentarios naturales disponibles, entonces tienes un problema. Todos aquellos animales que no consiguieron adaptarse con la suficiente rapidez al cambiante mundo apocalíptico tuvieron un destino fatal.

Ningún imperio dura para siempre. Incluso los dinosaurios sucumbieron. Aparecieron hace algo más de 230 millones de años y dominaron el mundo durante la increíble cifra de 165 millones de años, diversificándose en una enorme variedad de especies, grandes y pequeñas, que se expandieron por todos los rincones del planeta, hasta que fueron exterminados por una enorme roca procedente del espacio exterior. Resulta casi cómico que su supremacía absoluta se viera truncada por un acontecimiento extraterrestre. Aun así, los dinosaurios vivieron durante mucho más tiempo del que llevan extintos. Pero ¿de verdad se extinguieron? ¿La desaparición de *Tyrannosaurus*, *Triceratops* y compañía supuso el final definitivo para todos ellos o algunos lograron sobrevivir al momento más devastador de su historia?

9. ¿Más muerto que un dinosaurio...? No tan rápido

Los dinosaurios han sido durante mucho tiempo el más claro exponente de la extinción: criaturas de una época pasada que tuvieron su momento de gloria y que desaparecieron hace ya mucho tiempo. La mayoría de la gente cree que efectivamente fue así; es una idea tan arraigada desde nuestros primeros años escolares que es difícil de cuestionar. Hay quien se atreve a afirmar que los cocodrilos o los lagartos son dinosaurios vivos, «porque se parecen a los dinosaurios». Y de vez en cuando aparece alguien que asegura que «las aves también lo son». Lo cual que me hace sonreír.

Es muy posible que el asteroide y su onda expansiva acabaran con el tiranosaurio y sus contemporáneos, pero los dinosaurios no se rindieron sin alzar las armas, o mejor dicho, el vuelo. La extinción masiva allanó el camino para que cierto grupo desplegara sus alas y conquistara el mundo de una forma totalmente nueva: las aves. Las aves son dinosaurios. Repite conmigo: las aves son dinosaurios.

Los paleontólogos utilizan el término «dinosaurios aviares» para referirse a las aves, y «dinosaurios no aviares» para el resto. Hasta aquí, he utilizado la palabra *dinosaurio* para referirme a los no aviares. Sin embargo, cuando escuchamos o utilizamos la palabra *dinosaurio*, también deberíamos pensar en las aves y no considerarlas algo distinto. Plantéatelo así: todas las aves son dinosaurios, pero no todos los dinosaurios son aves, al igual que nosotros somos primates, pero no todos los primates son humanos. Gracias a los libros y documentales que se han publicado sobre este tema en los últimos años, la idea de que las aves son dinosaurios vivos ha ido calando un poco más en nuestra mente.

La hipótesis de que las aves están estrechamente relacionadas con los dinosaurios se remonta a Charles Darwin y su revolucionaria teoría de la evolución. Cuando publicó su monumental libro *El origen de las especies* en 1859, propuso que los animales evolucionan con el tiempo a través de un proceso llamado selección natural, por el cual aquellos que desarrollan características mejor adaptadas a su entorno tienen más posibilidades de sobrevivir y reproducirse, y así transmitir sus genes a la siguiente generación. Cabe señalar que un naturalista contemporáneo de Darwin llamado Alfred Russel Wallace llegó a la misma conclusión al mismo tiempo que Darwin, aunque es a este último al que se le atribuye con mayor frecuencia la propuesta de la teoría.

Si bien la importancia de la teoría de la evolución es indiscutible —como afirmó el biólogo evolutivo Theodosius Dobzhansky en 1973, «en biología, nada tiene sentido salvo a la luz de la evolución»[1]—, no fueron ni Darwin ni Wallace quienes establecieron el vínculo entre las aves y los dinosaurios. Quien lo hizo fue un firme partidario y colega de Darwin, Thomas Henry Huxley. El mismo año en que Darwin publicó su obra inmortal, se descubrió *Compsognathus* (ese pequeño dinosaurio del tamaño de una gallina que ya conocimos

[1] Dobzhansky, T., «Nothing in Biology Makes Sense Except in the Light of Evolution», *The American Biology Teacher* (1973), 35 (3): 125-129.

en el capítulo 4) en una cantera de piedra cali-
za del Jurásico situada en el sur de Alemania. Y
casi de forma simultánea (solo dos años después,
en 1861), en una de esas mismas canteras se excavó el primer esqueleto de *Archaeopteryx*, el famoso
«primer pájaro». Al igual que las aves, este espécimen tenía alas con plumas, pero también una larga
cola ósea y garras afiladas en las manos: era mitad
pájaro, mitad reptil. Al comparar los esqueletos de
Compsognathus y de *Archaeopteryx* con otros reptiles y aves fosilizadas (y también vivas), Huxley
se dio cuenta de que sus anatomías presentaban
tantas similitudes que debían de estar emparentados de alguna manera. A este ejemplar le faltaba
la cabeza completa, pero Huxley predijo que *Archaeopteryx* habría tenido mandíbulas con dientes,
algo que confirmaron hallazgos posteriores. Soste-
nía que el aspecto de *Compsognathus* correspondía al
de un antepasado de las aves e incluso afirmó: «No
hay pruebas de que *Compsognathus* tuviera plumas,
pero si las tuviera, sería muy difícil decidir si lla-
marlo ave reptiliana o reptil aviar».[2] La idea de que

---

[2] Huxley, T. H., *American Addresses* (1877), D. Appleton & Co.,
New York, 43-67.

las aves pudieran haber evolucionado a partir de un dinosaurio —o de un animal similar— se consideró bastante descabellada, sobre todo teniendo en cuenta que la obra de Darwin ya había levantado demasiadas ampollas, por lo que, lamentablemente, la teoría se fue olvidando con los años.

Avancemos un siglo hasta las décadas de 1960 y 1970 para dirigir nuestra atención al paleontólogo estadounidense John Ostrom y a su descubrimiento de *Deinonychus*, un dinosaurio con aspecto de ave. Ostrom confirmó la hipótesis de Huxley de que las aves están emparentadas con los dinosaurios al demostrar que los esqueletos de *Deinonychus* y de *Archaeopteryx* coincidían en su anatomía general. Concluyó que aquellas pertenecían al mismo grupo genérico de dinosaurios llamados terópodos, y que debían de haber evolucionado a partir de un antepasado similar a *Deinonychus*. Este formidable hallazgo hizo resurgir el estudio de los dinosaurios. *Deinonychus* se concebía como un animal rápido, ágil e inteligente, una idea muy alejada de la que se tenía hasta entonces: monstruos semejantes a lagartos, lentos y estúpidos. La investigación de Ostrom transformó la percepción que los científicos y el público tenían de los dinosaurios. En el capítulo 3 hemos visto qué es lo que hace que un dinosaurio sea un dinosaurio, pero he omitido deliberadamente un aspecto en concreto. Verás, hoy en día, la forma de clasificar tanto los animales como las plantas ha cambiado radicalmente. En lugar de centrarse solo en la combinación de características físicas que reúne un grupo (o «clado») de animales, como las que se utilizan para agrupar a los dinosaurios, los científicos también tienen en cuenta sus relaciones evolutivas (o «filogenia») para comprender su ascendencia. Este enfoque considera el árbol genealógico de las diferentes especies desde una perspectiva más amplia, analizando cómo están emparentadas las especies entre sí y en qué rama se encuentran.

Básicamente, esto significa que para que un animal pueda catalogarse como dinosaurio en el árbol genealógico de la vida, debe descender de un antepasado común y, por lo tanto, todos los descendientes de ese antepasado común compartirán un conjunto único de características. Por consiguiente, y dado que las aves descienden de los dinosaurios, deben clasificarse como un subgrupo de estos. Las aves no son dinosaurios solo por su anatomía, sino también por su filogenia. Desde este punto de vista, las aves son, en realidad, un grupo de reptiles, y sus parientes vivos más cercanos son los cocodrilos.

En la actualidad, los paleontólogos catalogan las aves como dinosaurios terópodos dentro del grupo conocido como *Maniraptora* (manirraptores). Más concretamente, pertenecen a un subgrupo más amplio llamado Paraves, que incluye dinosaurios como *Deinonychus* y *Velociraptor*, algunos de sus parientes más cercanos. Esto significa que dinosaurios como *Velociraptor* están más emparentados con una paloma que con un ejemplar de *Triceratops*, a pesar de la gran distancia temporal que los separa.

Además de los cientos de rasgos óseos que vinculan a las aves con los dinosaurios, existen otras pruebas irrefutables. La principal son ¡las plumas! Siempre se había creído que eran exclusivas de las aves, dado que son los únicos animales vivos que las tienen. El descubrimiento de que muchos dinosaurios no aviares también las tenían proporcionó pruebas concluyentes de que esto no era cierto. Incluso se han encontrado dinosaurios muy alejados de las aves en el árbol genealógico

—aquellos que no están estrechamente emparentados—, y que aun así tenían filamentos plumosos, por lo que algunos paleontólogos han llegado a sugerir que probablemente la mayoría de los dinosaurios no aviares, si no todos, tuvieran algún tipo de «pelusa». Curiosamente, el dinosaurio más grande que se conoce hasta la fecha con indicios evidentes de la presencia de plumas es *Yutyrannus*, de China, que mide unos 9 metros de largo y tiene plumas de entre 15 y 20 centímetros de largo. Como pertenece a la familia de los tiranosáuridos y fue descubierto con un pelaje esponjoso, es posible que incluso el *T-rex* tuviera algún tipo de cobertura plumosa. Sorprendentemente, también se han encontrado plumas de dinosaurio incrustadas en un ámbar de 99 millones de años de antigüedad que contenía la cola plumosa de uno de ellos.

Las aves heredaron las plumas de sus antepasados los dinosaurios no aviares. Las teorías recientes sugieren que aquellas que evolucionaron en los dinosaurios no aviares probablemente tuvieran una función aislante y/o de exhibición, y que la capacidad de volar se desarrolló más adelante. Hablando de exhibición, como se discutió en el capítulo 6, el descubrimiento de plumas fósiles con pigmentos de cromáticos indica que los dinosaurios podían ver en color, lo que sugiere que este rasgo debió de desempeñar un papel clave en la exhibición. Existe un ave del Cretácico procedente de China, llamada *Confuciusornis*, que tiene el tamaño de un cuervo y es conocida por los miles de especímenes que se han conservado con plumas. Los estudios realizados sobre sus fósiles plumosos han revelado que existen dos «tipos» diferentes de *Confuciusornis*: uno con plumas largas y vistosas en la cola, y otro sin ellas. La diferencia se ha interpretado como una prueba sólida de dimorfismo sexual, ya que el grupo con plumas largas en la cola probablemente represente a los machos; por lo tanto, es posible que ese plumaje se utilizara para el cortejo. Además, la conexión entre las aves y los dinosaurios, como hemos visto con anterioridad, puede establecerse incluso a partir de pruebas directas de comportamientos específicos, como la nidificación y la incubación.

Las primeras aves conocidas aparecieron hace unos 165-150 millones de años, en el período Jurásico. Cuando los dinosaurios no aviares dominaban el mundo durante los períodos Jurásico y

Cretácico, las aves no eran más que otro grupo de terópodos plumados que vivían a su aire. Tras la extinción masiva que acabó con los dinosaurios no aviares y con ciertos animales voladores como los pterosaurios, la diversidad de las aves eclosionó, y de ahí surgieron incluso muchos grupos modernos. Hoy en día, las aves son un grupo muy diverso de terópodos: desde el diminuto colibrí abeja, el dinosaurio más pequeño que se conoce, vivo o extinto, hasta el dinosaurio vivo más grande, el avestruz. Al igual que sus antepasados no aviares, han conquistado todos los continentes, se encuentran en todos los rincones del planeta y han evolucionado hasta conformar una inmensa diversidad de especies capaces de sobrevivir incluso en los entornos más hostiles, ya se trate de desiertos áridos, de casquetes polares o de bosques tropicales.

Un gorrión, un emú, un pingüino o un pelícano son igual de dinosaurios que un estegosaurio, un triceratops, un tiranosaurio o un braquiosaurio. Los dinosaurios son el grupo de vertebrados terrestres más exitoso que existe en la actualidad. La próxima vez que veas un pájaro, recuerda que estás contemplando un dinosaurio viviente cuyos orígenes se remontan al Jurásico. Con más de 10 000 especies de aves vivas, el imperio de los dinosaurios está lejos de haber tocado a su fin.

10. Esto es solo la punta del iceberg

Cada vez que termino una conferencia sobre dinosaurios, me preparo para el inevitable aluvión de preguntas que viene a continuación. Siempre es un placer cambiar impresiones con el público, aunque nunca se está lo suficientemente preparado para una ronda abierta de preguntas y respuestas, porque uno se puede encontrar cualquier cosa. Al fin y al cabo, es el turno de los asistentes de someter al paleontólogo a un interrogatorio. A menudo esperan que lo sepas todo sobre los dinosaurios y el mundo antiguo, como si fueras un superhéroe prehistórico. Pero lo cierto es que no tener la respuesta puede resultar mucho más estimulante: lo desconocido despierta la curiosidad, y la curiosidad conduce al descubrimiento.

Una de las preguntas más interesantes que me suelen hacer es: «¿Crees que se podrán encontrar

todos los dinosaurios que existieron alguna vez?».
A primera vista, puede parecer una cuestión muy
sencilla, pero tiene muchas más implicaciones. En
teoría, todos los dinosaurios que podrían haberse conservado como fósiles ya se han fosilizado.
Esto significa que hay un número finito de restos que se podrían encontrar. Pero mucho antes
de que los seres humanos comenzaran a estudiar-
los, gran cantidad de ellos ya se habían perdido o
destruido por procesos naturales a lo largo de millones de años. Si a esto añadimos las constantes
noticias sobre el hallazgo de un nuevo dinosaurio
aquí o de una nueva especie allá, podría parecer
que algún día habremos desenterrado a todos.
Y aunque es cierto que los fósiles no se agotarán
nunca, tampoco podemos afirmar que los encon-
traremos todos. En la actualidad estamos viviendo
una época dorada en el ámbito de la paleontología. De media, se descubre una nueva especie de
dinosaurio cada dos semanas. ¡Cada dos semanas!
Hasta ahora, en casi doscientos años de estudio,
se han identificado alrededor de mil quinientas
diferentes. Sin embargo, en ocasiones, los hallazgos más completos y recientes pueden revelar que
un dinosaurio identificado con anterioridad es en

realidad el mismo que otro recién descubierto, y que no pertenecen a especies diferentes. Por ejemplo, podría tratarse de un ejemplar joven y otro adulto del mismo espécimen. Por lo tanto, el número total de especies conocidas varía en función del descubrimiento de nuevos individuos, nuevas investigaciones y nueva información.

Con la cantidad de nuevas especies de dinosaurios que se están describiendo, es difícil llevar la cuenta. Si te esfuerzas mucho, quizá consigas llegar a cincuenta o más, pero ¿a mil quinientos? Lo dudo. (Por muy fanático de los dinosaurios que seas). Existen muchos más que el clásico estegosaurio o el típico triceratops, y cuando le pido a alguien que me diga cuál es su favorito y me responde con un nombre totalmente desconocido, ¡tengo que preguntarle qué es! Esto ilustra la inmensa cantidad de nuevos hallazgos que se están realizando en la actualidad y el arduo trabajo que están llevando a cabo los incansables paleontólogos y cazadores de fósiles. Por ejemplo, ¿alguna vez has oído hablar de una maravilla alada llamada *Yi qi* o del cuellilargo *Leinkupal*? ¿O del *Rhinorex*, el «rey de la nariz», o del tiranosáurido *Thanatotheristes*? (Sí, a mí también se me traba la lengua con este último). Por mencionar solo unos pocos de los muchos que se han descubierto y han sido bautizados en los últimos años.

Ante la incesante proliferación de dinosaurios, debemos recordar que la fosilización es un fenómeno increíblemente raro. Para que un organismo se convierta en fósil, su muerte debe haberse producido en unas condiciones muy específicas que favorezcan su conservación, además de haber ocurrido en un lugar donde ningún otro ser vivo se lo pudiera comer ni lo pudieran arruinar las condiciones ambientales. Por lo tanto, no podemos esperar que para cada una de las especies de dinosaurio que han existido se haya fosilizado algún individuo. Lo mismo podemos decir de todos los animales que habitan el planeta en nuestros días. No existe ninguna posibilidad de que todas las especies permanezcan en el registro fósil, ya que no todas se encuentran en entornos propicios para su conservación. Por lo tanto, es importante tener en cuenta que el registro fósil está sesgado, ya que los dinosaurios que aparecen solo se conservaron porque estaban en el lugar adecuado en el momento adecuado (bueno, para ser exactos, muchos estaban en el sitio equivocado en el momento equivocado y por eso murieron, pero ya me entiendes). A esto se añade que los humanos tenemos que buscar en los lugares adecuados y en los tipos de rocas apropiados para tener siquiera la oportunidad de dar con un dinosaurio.

Otro factor importante es que en el registro fósil solo se conservan ciertos fragmentos del tiempo geológico, y muchas rocas se erosionaron hace mucho tiempo. Esto significa que lo que conocemos por ahora no es sino la punta del iceberg de toda la historia de la vida prehistórica, y nunca podremos obtener una visión completa del resto, sobre todo del mundo de los dinosaurios. El propio Charles Darwin compartía esta visión del mundo antiguo al afirmar: «Interpreto el registro geológico como una crónica del mundo conservada de forma imperfecta y escrita en un dialecto en constante transformación».[3]

Considera el reinado de los dinosaurios, que se extendió desde hace unos 230 millones de años hasta hace unos 66 millones de años, y las 1500 especies

[3] Darwin, C., On the *Origin of Species by Means of Natural Selection, or the Preservation of Favoured Races in the Struggle for Life* (1859), John Murray, London.

distintas que se han identificado. Si comparas esa cifra con las más de 10 000 especies vivas de dinosaurios que existen en la actualidad (las aves), comprenderás que, durante ese reinado de aproximadamente 165 millones de años debieron de existir una cantidad inimaginable de especies de dinosaurios repartidas a lo largo de muchos intervalos de tiempo diferentes. Esto nos lleva a preguntarnos qué otros maravillosos, extraños y curiosos especímenes camparon alguna vez por la Tierra, pero cuyas historias nunca se podrán contar. Es muy triste pensar en estos animales prehistóricos que se perderán para siempre en las tinieblas del tiempo.

Darnos cuenta de que nunca llegaremos a desenterrar a todos los dinosaurios es tremendamente frustrante, aunque deja margen para la especulación. El hecho de que aún no hayamos encontrado uno determinado no significa que no existiera. No me refiero a un mundo fantástico con criaturas de dos cabezas ni nada por el estilo (aunque se halló un reptil de la época de los dinosaurios que efectivamente las tenía, como resultado de una anomalía), sino a que quizá aún estemos esperando encontrar al más grande entre los grandes o quizá a esa pareja apareándose que tanto se nos resiste. El estudio de los fósiles de dinosaurios que ya tenemos permite a los paleontólogos hacer conjeturas fundadas acerca de lo que se podría encontrar en el futuro. Muchas de esas predicciones ya se han cumplido, siendo quizás una de las más famosas la de que algún día descubriríamos dinosaurios con plumas. Sin los fósiles de ejemplares plumados, la conexión entre aves y dinosaurios se habría reducido a las similitudes óseas, pero la presencia de plumas fue el argumento definitivo que demostró que esa conexión era un hecho y no una ficción.

Descifrar quién era el más pequeño o el más grande o quién tenía la mordida más letal son temas de interés para los paleontólogos, pero no son necesariamente los primeros en la lista de prioridades de sus estudios. Algunas de las líneas de investigación más importantes se centran en el marco general de la evolución, en particular en los primeros dinosaurios conocidos y sus antepasados. Aunque los fósiles de dinosaurios más antiguos datan de hace poco más de 230 millones de años, estos no representan a las primeras especies que surgieron. Por el contrario, teniendo en cuenta que en esta época ya encontramos fósiles de distintos tipos, los dinosaurios debieron de haber evolucionado varios millones de años antes. Esta hipótesis viene respaldada por el hallazgo de algunas posibles huellas en rocas de más de 240 millones de años de antigüedad. Al no haber encontrado huesos, no podemos afirmar si quien las dejó fue un dinosaurio como tal o un pariente cercano.

El problema se complica aún más por el hecho de que muchos fósiles de reptiles procedentes de rocas del Triásico temprano —donde creemos que podrían encontrarse los primeros dinosaurios— se asemejan a ellos, pero no terminan de encajar en la definición de «¿qué es un dinosaurio?». Algunos de estos reptiles primitivos con aspecto similar, como el denominado *Nyasasaurus* de Tanzania (África oriental), de 243 millones de años de antigüedad, solo se conocen a partir de unos pocos huesos aislados. No es suficiente para determinar si pertenecen a un dinosaurio auténtico. Naturalmente, para casos como el de *Nyasasaurus* necesitamos un esqueleto más completo que revele su verdadera identidad. Algo mucho más fácil de decir que de hacer.

Otro enfoque para hacer que la ciencia avance consiste en retroceder y estudiar la «desextinción», el proceso de revivir (aparentemente) especies extintas. A pesar de las resonancias con *Parque Jurásico* y por muy descabellado que pueda parecer, algunos científicos han conseguido enormes logros en este sentido. En primer lugar, hay que aclarar que, hasta la fecha, es imposible encontrar ADN en fósiles de dinosaurios de hace millones de años, incluidos los de ámbar, ya que el material genético se degrada rápidamente con el paso del tiempo. Incluso si hubiera restos de ADN o de células sanguíneas de dinosaurio (que ya se han identificado), estas habrían sufrido alteraciones y daños durante el proceso de fosilización, por lo que no podrían utilizarse para recrear un ejemplar vivo. Sin embargo, algunos grupos de científicos han adoptado un enfoque alternativo: la «ingeniería inversa» en embriones de pollo, que consiste en modificar sus genes para que los picos se conviertan en mandíbulas de dinosaurio similares a las de los reptiles. Otros han inducido también el crecimiento de largas colas en embriones de pollo. Básicamente, esto consistiría en reconstruir a partir de un pollo algo que se parezca a un dinosaurio extinto. Por si te lo estás preguntando, ninguno de estos «pollosaurios» ha salido del cascarón. O al menos, eso es lo que nos dicen.

Una importante área de investigación en la desextinción se centra en la resurrección del mamut lanudo de la Edad de Hielo. Se trata de una posibilidad más realista, dado que en el permafrost siberiano se descubren numerosos especímenes, a menudo excepcionales, con partes blandas. Sin embargo, de tener éxito, este experimento nunca daría como resultado un mamut real, sino un híbrido grotesco, fruto del cruce con un elefante moderno. Dada la situación actual, creo que sería preferible invertir tiempo y dinero de investigación en salvar lo que tenemos, aquellos animales que verdaderamente están en peligro de extinción, como los rinocerontes, los orangutanes y los elefantes, por mencionar solo algunos. Volviendo a *Parque Jurásico*, el Dr. Malcolm, aunque se trate de un personaje de ficción, no puede estar más en lo cierto cuando afirma: «Vuestros científicos estaban tan preocupados por si *podían* hacerlo que no se pararon a pensar si *debían* hacerlo». Quizás habría que comprometerse más con intentar recuperar especies que los seres humanos han llevado a la extinción, como la paloma migratoria o el tigre de Tasmania.

La belleza de la ciencia reside en que nunca deja de cambiar, y nosotros no dejamos nunca de aprender. La paleontología ha avanzado enormemente desde los primeros descubrimientos de dinosaurios en el siglo xix. A partir de ahí, el progreso de la ciencia ha sido tan exponencial que solo en los últimos treinta años nuestra percepción general ha pasado de «los dinosaurios se extinguieron» a «las aves están emparentadas con los dinosaurios»; luego, a «las aves podrían ser descendientes de los dinosaurios»; hasta, finalmente, «las aves son dinosaurios», lo cual supone una tremenda revolución en este campo. A este ritmo, ¿quién sabe qué incógnitas se despejarán sobre este increíble mundo en los próximos veinte, cincuenta o cien años? Ser conscientes de que nunca tendremos todas las piezas de ese gigantesco rompecabezas es lo que mantiene viva nuestra fascinación infantil y nuestra curiosidad natural por todo lo que tiene que ver con ellos. Pero una cosa está clara: nuestro amor por los dinosaurios no se extinguirá nunca.

Agradecimientos

Quizá lo más gratificante de la paleontología sea ayudar a otras personas a comprender la extraordinaria naturaleza de esta ciencia tan apasionante, a reflexionar más sobre el mundo que nos rodea y a apreciar nuestro lugar en el tiempo y en el espacio.

Por eso escribir un libro es muy satisfactorio, aunque también da mucho trabajo. Esta obra es el resultado de muchos años dedicados a estudiar y escribir sobre dinosaurios y otros fósiles, a trabajar con algunas de las mentes más brillantes del campo y a mantenerme informado de los hallazgos más recientes e importantes. De entre los numerosos estudios científicos y textos académicos que me ayudaron a darle forma, quiero destacar la excelente obra *Dinosaurs: How They Lived and Evolved*, escrita por mis colegas paleontólogos y amigos, Darren Naish y Paul Barrett. Confieso que es difícil enumerar a todas las personas —paleontólogos y entusiastas de los dinosaurios— que me han apoyado en mi carrera, o que han contribuido indirectamente a la creación de este libro, pero si eres alguna de ellas, quiero que sepas que valoro profundamente todo lo que has hecho por mí.

No podría escribir un libro dedicado a los dinosaurios sin mencionar a mis buenos amigos y colegas del Wyoming Dinosaur Center, que le brindaron la oportunidad de hacer realidad su sueño a aquel chico de dieciocho años que venía de Doncaster (Inglaterra) y que estaba loco por los dinosaurios. Ese primer viaje a Wyoming en 2008 sentó las bases de mi carrera.

En primer lugar, quiero dar las gracias a mi maravillosa madre, que me alentó en cada paso del camino, dándome todo su amor y su apoyo a lo largo de toda mi vida. Gracias, Natalie, por todo lo que has hecho y sigues haciendo por mí, incluida la lectura de la primera versión de este libro: nunca podrás imaginar de cuántas formas me has ayudado. A mi buen amigo y paleocolega, Jason Sherburn, gracias por revisar esa primera versión y aportar tus brillantes comentarios para mejorarla. Y, por último, gracias a mi abuela, mi hermano, mi hermana, mi padre, mi cuñado, mi sobrina y mi sobrino por su constante apoyo.

Y una nota final para ti, lector o lectora: nunca permitas que nadie te diga que no puedes lograr algo. Mi camino para llegar a ser paleontólogo no fue nada convencional, desde luego. Siempre supe lo que quería hacer, pero averiguar cómo alcanzarlo fue lo más difícil de todo. En el colegio fui, como mucho, un estudiante promedio, y tuve dificultades durante casi todos mis años escolares. Debido a mis malas calificaciones, no pude acceder al bachillerato de ciencias, y nunca hice una carrera universitaria. En más de una ocasión me dijeron que jamás llegaría a ser paleontólogo, que simplemente «no era lo suficientemente bueno». El caso es que, si hubiera escuchado a esas personas, no sería quien soy hoy. Es fundamental encontrar tu propio camino en la vida y descubrir lo que *a ti* te funciona. Cuando se trata de perseguir tus sueños, no dejes que nadie te quite la ilusión.